自我本我与
集体心理学

[奥] 西格蒙德·弗洛伊德◎著

戴光年◎译

吉林出版集团股份有限公司

图书在版编目（CIP）数据

自我本我与集体心理学／（奥）弗洛伊德著；戴光
年译.—长春：吉林出版集团股份有限公司，2015.3（2022.8重印）
　ISBN 978-7-5534-6846-4

Ⅰ.①自… Ⅱ.①弗…②戴… Ⅲ.①精神分析
Ⅳ.① B84-065

中国版本图书馆CIP数据核字（2015）第019151号

自我本我与集体心理学

著　　者	［奥］西格蒙德·弗洛伊德
译　　者	戴光年
策划编辑	李昇鸣　杨　肖
特约编辑	范　锐
责任编辑	王　平
封面设计	华夏视觉
开　　本	787mm×1092mm　1/32
字　　数	200千
印　　张	7.625
版　　次	2015年4月第1版
印　　次	2022年8月第2次印刷
出　　版	吉林出版集团股份有限公司
电　　话	总编办：010-63109269
	发行部：010-81282844
印　　刷	天津文林印务有限公司

ISBN 978-7-5534-6846-4　　　　　　定价：49.80元
版权所有　侵权必究

译者序

  西方学者赫根汉认为,在人类历史上,文明社会的自尊心曾遭到三次思想革命的沉重打击。第一次打击来自哥白尼提出的日心说,它证明了地球并非宇宙的中心;第二次打击来自达尔文,他的进化论指出人类并非地球的主宰,而是同其他生物一样,是自然的一部分;第三次打击来自弗洛伊德,他所建立的精神分析学无情地攻克了人类自尊的最后防线:人类的自我(ego)甚至连它本身的主宰也不是,人并不是一种理性动物。

  1856年,西格蒙德·弗洛伊德出生于奥地利摩拉维亚的一个犹太人家庭。四年后,弗洛伊德全家迁往维也纳定居。1873年。17岁的弗洛伊德进入维也纳大学学医,八年后获得医学博士学位。1882年是弗洛伊德一生的转折点,这一年他遇到了精神病学家布罗伊尔,两人合作对一名名叫安娜·欧的癔症患者进行治疗。从此,弗洛伊德对精神分析的兴趣就一发不可收拾,并将毕生的精力都投入到了精神分析的研究之中。正如他后来所说:"像我这样的人,活着不能没有嗜好,一种强烈的嗜好——用席勒的话来说,就是暴君。我已经找到了我的暴君,并将无条件地为之服务。这个暴君就是心理学。"

1897年，弗洛伊德创立了自我分析法。对梦的解析是自我分析法的核心工作。于是三年后，《梦的解析》出版了，但并未引起重视，在其出版后的八年时间里只卖出600本左右，几乎无人关注。到了1905年，弗洛伊德发表了《性学三论》，这本离经叛道的书一经问世就引起了轩然大波，遭到了无尽的批评与唾骂，整个文明世界几乎都与弗洛伊德为敌。然而，自从《梦的解析》问世以来，弗洛伊德创建的精神分析学就迅速发展起来，一批年轻的学者加入其中，其中就有后来的心理学大师荣格、阿德勒等人。弗洛伊德成立了精神分析小组，这个小组的讨论地点就设在他的书房。

　　弗洛伊德早期的论著主要是基于神经症病例的研究。到了20世纪20年代，弗洛伊德的理论发生了重大转变，开始从哲学的高度上审视人性。1920年，弗洛伊德发表了《超越快乐原则》，首次提出了生本能与死本能的二元对立。翌年又发表了《集体心理学与自我的分析》，对教会、军队等典型的集体组成形式中的心理活动进行了细致入微的剖析，并对自我的等级进行了划分。1923年出版的《自我与本我》，系统地提出了后来举世闻名的人格结构理论，将人格划分为本我、自我与超我，这是弗洛伊德对他早期提出的无意识、前意识、意识的划分法的修正与发展。

　　1925年，弗洛伊德在《自传》中总结了这一阶段的基本思想："在我往后几年的著作中，如《超越快乐原则》《集体心理学与自我的分析》《自我与本我》等，我让自己的那种由来已久的思索方式任意驰骋，并且对本能问题的解决方案作了一番整顿的工作。我把个人的自卫本能和种族保存的本能结合起来，形成"生本能"的观念，并和默默地进行着的死亡性或破坏性的死本能相对照。一般说来，本能被认为是一种生物的反应，是为保存某一种状态以免外来的阻挠力的破坏的一种意向或冲动。本能的这种基本保存力的特征，因反复性的强迫观念而更加明显。而生命所呈现于我们面前的景象，正是生本能和死本能之间相合又相斥的结果。"

弗洛伊德一生致力于对人性进行外科手术般无情的精密解剖，面对文明世界的衣冠楚楚者对精神分析学的鄙夷与敌视，他毫不退缩，拒绝任何形式的妥协。为了真理，他冷酷无情地揭下人性最丑陋的面纱与最后一块遮羞布，以雷霆万钧之力粉碎了文明世界的理性基石。如果说马克思勾勒出了人类社会的发展规律以及人与人之间的关系，那么弗洛伊德则描绘出了人类内心世界的活动蓝图以及自我与本我、超我之间错综复杂的关系。的确，弗洛伊德以他那大理石般冷静的头脑，手术刀一般锋利的洞察力，对人类的心理活动作出了惊世骇俗的解释，改变了人类对自我的认识，无愧为刀锋般的先知。他所创立的精神分析学对后世的心理学、哲学、历史学、人类学、社会学、伦理学、政治学、美学等几乎所有的人文学科和精神领域都产生了划时代的影响，尤其是在文学与艺术领域。

当然，弗洛伊德的理论也或多或少存在着过于"泛性"、论据不充分、难以获得实验验证、理论基础不够牢固等问题，因此在学术界一直争议很大。我们阅读本书时既不能全盘接受他的观点，也不能彻底地加以否定，应当怀着敬仰与求真的心态进行独立的思考，对其理论内容加以扬弃。

　　本书收录了弗洛伊德后期的三部最重要的著作：《超越快乐原则》《集体心理学与自我的分析》以及《自我与本我》，这三部论著分别于1920、1921、1923年发表，在内容上具有的承接性，共同构成了弗洛伊德后期的理论体系。希望此书可以将精神分析学系统有序地展现在读者面前。

戴光年

2014年10月

超越快乐原则

Contents
目　录

集体心理学与自我的分析

自我与本我

Contents
目　录

超越快乐原则

第一章

我们曾经在精神分析法中笃信，是快乐原则在支配着心理活动的整个过程。换而言之，必然有一种不快乐的负面状态触发了这些心理活动，而这些心理活动就是为了消除掉负面的状态，从而使自身避免痛苦或者得到快乐。为了将上述情况放在研究的主题——心理过程中，我们在研究中纳入了"经济的"观点。在我看来，我们在诠释心理过程时，如果能将"局部解剖学"和"动力学"乃至这种"经济的"因素考虑在内，那么我们所描绘的这幅人类心理过程的图景，将是有史以来最完美无缺的，即使把它称作"元心理学①的演绎"也不为过。

虽然在秉持快乐原则②进行研究的过程中，我们提出的某些猜想与历史上早已建立的某个哲学体系殊途同归，但这无伤大雅，因为精神分析研究并不是以创新和弃旧为宗旨的，并且对于那些在快乐原则下显而易见的事实，我们也不能视若无睹。同时，我们衷心地感谢这些先哲，通过他们的学说，我们明白了快乐原则为何对心理具有如此强大的主宰力。不过，在这个人类最神秘莫测的心理领域中，我们并没有得到什么客观审慎的启发。对于这个难题，既然不能绕开它，我们就用最大胆灵活的猜想来进行摸索，或许能有所突破。

为了探明这个心理领域，我们将快乐或者悲伤的情绪同兴奋量关联起来，这种兴奋量不是"结合"在大脑里，而是存在于心中。当一个人感到快乐时，他心中的兴奋量就会减少，反之，则会增加，当然，我们并没有说快乐程度与兴奋量之间是简单的比例关系。心理生理学的经验告诉我们，决定快乐程度的可能是某个特定时间内的兴奋

---

①元心理学：泛指以心理学自身为对象的深层理论研究，故又称为"心理学的心理学"。

②快乐原则：亦译"唯乐原则"，精神分析学中提出的关于人的心理活动的原则之一，指人格中的"本我"自始至终都以追求满足、趋乐避苦为唯一目的。与"现实原则"相对立。

在早期，弗洛伊德把它称为"不快乐原则"，后来又重新命名为"快乐原则"，这个标签后来成为心理学词汇的一部分。

量的变化程度，它并不具有普遍性。有鉴于此，实验或许能够对我们的研究提供帮助，但在精神分析研究的学者们看来，除非这种实验具有确定无疑的客观性和准确性，否则对这个问题进行深层次的研究将有悖严谨客观的精神。

但这并不妨碍一个事实，那就是费希纳[①]（G.T.Fechner）的某些观点与我们在精神分析研究中的猜想大体一致。这些关于快乐与不快乐的观点出现在他的一本名为《有机体的起源与进化史随想》的书中。这位思想深邃、目光敏锐的学者在这本书中提出："如果说快乐与不快乐的状态和意识的冲动之间一直存在着某种联系的话，那么我们也就能得出这样的结论：快乐与不快乐和稳定与不稳定的状态之间存在着一种关系，这种关系可以用心理物理学来表现。这个结论为我的某个观点提供了一些帮助。这个观点是这样的：只要是在意识阈限之上产生的心理物理运动，当它逐渐靠近完全稳定的状态，直到超过某个极限值的时候，快乐就产生了；当它逐渐远离完全稳定的状态，直到超过某个极限值的时候，不快乐就产生了。对于这两种极限值，

---

①费希纳（1801～1887），德国著名物理学家、心理学物理学创始人。在哲学上费希纳是一个唯心主义泛灵论者，他认为凡物都有灵魂，心和物是不可分的，心是主要的，物只是心的外观。他一生致力对心与物进行精确的数学测量并确定它们的关系，从而将精神与物质统一于灵魂中。

1860年，费希纳出版了《心理物理学纲要》一书，奠定了他在心理物理学上的创始人地位。19世纪初，康德曾预言，心理学不可能成为科学，因为它不能通过实验测量心理过程。但由于费希纳的成果，科学家第一次能够通过实验探寻人类的精神世界。

我们可以称作快乐和不快乐的质的阈限。这两种质的阈限的中间区域，是内心最宁静的地带……"

对于表明快乐原则控制着心理活动的种种迹象，我们也可以这样来理解：是心理器官在竭尽全力地使自身的兴奋量维持在最低的恒定状态。即使不能降低，也绝不能让它增加。这种表达方法不过是从另一个方面来诠释快乐原则罢了，因为按照这种思路，任何增加兴奋量的东西必然导致心理器官的强烈抵触，从而产生不快乐的情绪。恒定原则是快乐原则的源头，由前者必然推导出后者。事实上，恒定原则是从表明快乐原则控制着心理活动的种种迹象中推导出来的。此外，更为全面的研究还会使我们认识到，心理器官的这种维持兴奋量最低状态的倾向，也可以看作是费希纳的"维持稳态"原则的特殊体现。他提出的这个原则已经同快乐与不快乐关联起来了。

但从严格意义上来讲，快乐原则对整个心理活动并不具有绝对的支配力，这一点是不容忽视的。如果快乐原则的支配力能够完全主导整个心理活动的话，那么几乎所有的心理活动都应该是快乐的，或者说能够带来快乐。然而，事实却恰恰相反。因此，我们只能说，心理活动是倾向于服从快乐原则的，只不过在这个过程中，它会受到某些因素的阻碍，难以达到快乐的目的。我们可以对比一下费希纳对这个问题的相似看法："希望达到某种状态并不代表已经处于这种状态；总之，只能接近却无法达到，所以……"

假如我们对那些阻碍快乐原则执行的因素进行探索，我们会发现自己对此游刃有余。因为这是我们熟悉且擅长的领域，有许多现成的经验和结论可以用来解决问题和作出推断。

第一个快乐原则受阻的例子很常见，具有普遍性。众所周知，执行快乐原则是心理活动的基本形式，也是其独有的方式。然而，由于我们的肉体身处复杂、危险的外部世界，因此从有机体的自我保存的角度来看，崇尚快乐的快乐原则就显得用处不大，甚至随时会带来生命危险。为了自我保存，自我用现实原则①来替代了快乐原则。现实原则并没有摒弃追寻快乐的目的，它只是权衡利弊，选择了暂时向现实妥协，并忍受由此产生的不快乐的情绪，最终在长时间的忍耐后获得最大效益的快乐。然而，在性本能中蕴藏着的快乐原则的实行手段，亘古不变且深入骨髓地存在着，要想驾驭它几乎是不可能的事。快乐原则或以这种本能作为契机，或在自我本身中，屡屡战胜现实原则，从而危害有机体的长远利益。

然而，大多数不快乐的感受，都不能用快乐原则被现实原则取代来解释，包括那些最不快乐的感受。随着自我逐渐向复杂高级的结构演变，另一种不快乐情绪的宣泄也时常出现，这种状态来自于心理器官内发生的冲突和矛盾。隐藏在深处的本能赋予了心理器官几乎所有的能量，但这些本能的发育情况是参差不齐的。一般来讲，这样的

---

①现实原则：亦译"惟实原则"，精神分析学所提出的关于人的心理活动的原则之一。指作为人格中理性部分的"自我"力图控制非理性的"本我"的原始冲动，来适应外部客观条件。

情形总是会反复出现：一部分本能统一起来，进入自我结构中的完善开放的体系。由于这部分本能和另一些本能之间在目标上存在着不可调和的矛盾，因此，后一种本能便通过压抑①使自己远离这个统一体系，停留在心理发展的较低层次，同时也从起点阶段就失去了获得满足的可能性。这种本能，如果利用别的非正常方式，直接或者间接地得到了满足（这种情况在被压抑的性本能中最易出现），那么，这种在正常情况下会获得快乐的事情，却会在此类非正常的情形下使自我感到不快乐。因为压抑使旧的矛盾得到缓解，所以在一部分本能遵循此原则努力寻找新的快乐的时候，另一种快乐原则受阻的情况就产生了。这种压抑使可能的快乐蜕变为不快乐的源头，至于它本身的具体运作过程，至今没有得到明确的认识，也有可能是人们对此欠缺足够清楚的表述方式。但无论如何，我们不能否认的是，这种不快乐正是神经症②患者所产生的那种感受，即：**无法感受到快乐的快乐**。

上文所提到的两种不快乐，它们具体的产生源头并不足以解释

---

①压抑：根据精神分析理论，压抑可以理解为：把欲望相应的意识压抑为无意识。弗洛伊德在本书第175页中也提到，"我们把观念在成为意识之前所处的状态称为压抑"。实际上，压抑一词在弗洛伊德早期论著中，就是防御的同义词。在幼儿时期删除意识中的不快乐的东西，这是初级压抑；防止被压抑在无意识里的内容进入意识，这是高级的压抑。

②神经症：作为疾病的一种，神经症表现为多种精神障碍，其中情绪痛苦或无意识的冲突会通过许多身体上的、生理学上的与精神上的障碍表现出来。精神分析理论认为，神经症的症状是性满足的替代物，能够间接满足性欲，调和本我与自我的矛盾。主要表现为焦虑以及分离性障碍、抑郁、强迫症等。

其余大多数不快乐的感受。但对于其余这些不快乐的感受，我们似乎可以有理有据地得出结论：快乐原则并不会阻碍它们的产生，且仍然发挥主要作用。大多数不快乐源自于我们的知觉。这种知觉，可能是由未能得到满足的本能所产生的压力引起的，也有可能是一种要么自身不快、要么刺激心理器官产生不快乐的预感的外部知觉。这种不快乐的预感，我们通常称为心理器官所预判到的"危险"。对本能的压力和危险的刺激所作出的反应，形成了心理器官的具体活动，所以，这些心理活动能够得到快乐原则抑或是稍加变通的现实原则的正确引导。这样看来，似乎没有必要在关键的地方阻碍快乐原则。但是，对外部危险引发的心理反应的探究，恰好能够为我们目前的研究提供一些新的线索和方向。

第二章

"创造性神经症"早已为人们所熟知，一般来讲，这种疾病是在遭遇了巨大的外力冲击、火车事故，或者其他九死一生的灾难之后出现的。不久前发生的那场战争①造成了大批这种疾病的患者，这就使人们注意到，这种疾病并不是由外力冲击导致神经系统受损所引起的②。创伤性神经症所表现出来的症状，普遍具有相似运动性的特

———————

①那场战争：指第一次世界大战。

②请参阅弗洛伊德、费伦采、亚伯拉罕、西梅尔、琼斯有关战争性神经症的文章。——作者原注

征，这点与癔症①的症状极为相似，但它比后者具有更加明显的主体失调特征（这一点很像疑病症②和抑郁症），并且还附带着更多明显的综合性一般衰弱现象和精神障碍现象。无论是战争引发的创伤性神经症，还是和平环境下产生的创伤性神经症，至今仍未有人能彻底地把它们解释清楚。战争性神经症有这样一个特征：在没有任何外力冲击的状态下却反复发生相同的症状。这让人既困惑，又受到启发。一般的创伤性神经症最明显的特征有两个：第一，引发惊悸的因素构成了该病的病因；第二，某种同时受到的损伤通常会抑制症状的发展。

人们总是混淆不清地使用"惊悸"、"恐惧"和"焦虑"这几个词，殊不知，它们在与"危险"的关系上是有很大差别的。"焦虑"指的是预感到危险的存在，但却对其一无所知。更进一步，"恐惧"指的是已经知道了危险的具体形态，并对它产生了畏惧。然而"惊悸"，则发生在下面这种情形下：一个人对危险完全没有预感，更不知道它的具体形态，完全处于放松的状态。"惊悸"这个词语要点是

---

①癔症：亦称歇斯底里症。最早可上溯到公元前1900年埃及的记载,源于希腊文的"子宫",当时认为此病是子宫在妇女体内游走引起。此病是一类由精神因素(如重大遭遇、内心冲突、自我暗示等)引起的精神障碍。一般都是因精神因素而急剧发病,主要表现有分离症状和转换症状。"分离"症状表现为对过去经历的认知与现实身份完全或部分不相符合。"转换"则表现为生活事件或处境引起情绪反应,接着出现躯体症状,一旦躯体症状出现,情绪反应便褪色或消失。

②疑病症：亦称臆想症,是一类表现为对自身的健康状态过分关注,深信自己患了某种躯体或精神疾病,经常诉述某些与实际健康情况并不符合的病理状态。患者常各处求医,迫切要求治疗;医生对疾病的解释往往不能消除患者固有的成见。

"毫无征兆的、突然的"。在我看来，焦虑不会引发创伤性神经症，这是因为焦虑能够对危险作出心理准备，从而使主体免受惊悸。对于这个问题，以后我们会继续谈论。

对梦的解析是探寻精神世界的最可靠的途径。创伤性神经症患者在梦中通常都会反复回到事发现场，重复经历这段遭遇，并再次产生可怕的惊悸，把他从梦中惊醒。对此人们毫不惊讶，他们认为，对可怕遭遇的记忆具有强大的力量，它死死地纠缠着患者，使患者即使是在睡梦中，仍不能摆脱它的阴影。我们在癔症研究中，就已经熟知了这种患者耽于使他发病的经历的情形。"癔症患者的痛苦主要来自于回忆"。费伦采和西梅尔也早已用这种情况来阐释战争性神经症的某些运动性症状。

但我发现，创伤性神经症患者在醒着的时候，并不会像在睡梦中一样回忆那些可怕的遭遇。也许是因为他们努力使自己不去想这些事。如果有某种观点，把患者被梦带回到他发病的情境中看作合情合理的事，那么这个观点完全是误解了梦的本质。因为，根据梦的本质及动机，它应该把患者带回他健康时的情境，亦或是大病痊愈时的情境。假如我们不甘心梦的本质的理论被创伤性神经症患者的梦所动摇，那么我们就需要证明：在这种情况下，梦的作用机制受到了干扰，就像其他诸多功能一样，偏离了原定的计划。或者，我们可以勉为其难地去研究神秘的受虐倾向。

我们姑且将这个枯燥乏味的话题放在一旁，来探讨一下儿童的游戏，即心理器官在这种最初的常规活动中所表现出来的活动方式。

人们对儿童的游戏作出了各种不同的理论阐述，但只有普法伊费尔（Pfeifer）才在最近尝试从精神分析的角度出发，来讨论这个问题，并总结了下来。我建议读者们看看他的这篇论文。这些理论试图找出儿童做游戏的动机，可惜它们都忽略了经济的因素，也就是从游戏中得到快乐这一重点。我并不想对此类现象的所有领域作出论断，只不过，偶然有那么一个机会，让我能对一个一岁半的小男孩自编自导的第一个游戏提出一些观点。这些观点并不是仓促间得出的，而是在我与这个孩子的父母共处了好几个星期后才开始成型的。并且，我是在住了一段时间之后，才发现他那个一直重复的、令人困惑的游戏背后真正的意图的。

这个小男孩并不早慧。在他一岁半的时候，还只会说几个别人能听懂的词，也能通过一些发声来表达自己的意愿。他对父母和一位年轻的女仆都很亲近，他们夸他是一个"好孩子"。晚上他并不会打搅父母睡觉，也很听话，不会乱碰东西，不会到处乱闯。甚至当母亲不在身边好几个小时时，他都不会哭闹。但他其实是很依恋母亲的，因为他的母亲亲自哺育了他，并独自一人照料他。

可是，这个好孩子却有一个不太好的习惯：他喜欢把拿到手的任何东西扔到角落里，或是床底下这种地方。因此要找这些东西就会大费周章。他扔东西时，还会拉长声调叫喊"喔——喔——喔——喔"。同时脸上显出兴致勃勃和满足的神情。他的母亲和我一致认为，这不是随意的叫喊，而是代表德语中"消失了"这个单词的意思。直到有一天，我终于恍然大悟，这其实是一种游戏，这个小男孩用他的所有玩具来玩"消失了"的游戏。后来，我的一次观察再次证实了这个想法。小男孩有一个木制卷轴，他从未想过牵着上面的绳子把卷轴当玩具车拖着玩。他所做的，只是收起绳子，熟练地抓起木轴将它扔过蒙着地毯的摇床栅栏，掉进摇床里，嘴里仍然叫喊着"喔——喔——喔——喔"。然后又把木轴拉回来，嘴里兴奋地高喊着"哒！"（在这里的意思）。以上过程完整地构成了一个游戏，即：抛弃——寻回。显而易见，第二个行为会带来更大的快乐，但通常人们只注意到前一个行为：孩子将"抛弃"作为一个独立的游戏，饶有兴致地反复玩着。[①]

如此一来，这个游戏的内在动机就变得很明显了，由于这个孩子在行为道德方面所受到的良好教育，换句话说，他对母亲的离开毫不抗争的表现，其实是对本能的自我约束（即对满足本能的需求的自我约束）。他似乎是在通过重复这个抛弃——寻回的游戏，即自己控制的东西消失后又再次出现的方式来抚慰自己。如果我们只是为了探明这个游戏的本质，那么这个游戏究竟是不是孩子自己的独创这一点并

[①]在后来发生的事件对此提供了有力的证据。有一次，这个孩子的母亲外出几个小时，她回来的时候，听见孩子在大叫着："小宝贝，喔——喔——喔——喔！"起初她对此困惑不解，但没过多久，她就明白了，这个小孩在这段较长的独处时间中掌握了一种使自己消失的办法。他发现了一面与人等高的试衣镜，镜子底部高离地面，所以他能够趴下来使自己的镜像"消失"。——作者原注

不重要，我们的心思完全放在了别的地方。

母亲的离开对这个孩子来说，肯定不会是一件令人高兴或者微不足道的事。既然如此，他的这种把不快乐的情境在游戏中反复地模拟重现的行为，怎么用快乐原则来解释呢？或许有人会回答说，模仿母亲的离去是必要的，因为这是这个游戏的最终目的——母亲令人快乐的返回的前提条件。然而，必须承认，这种解释是无法与我们的观察相契合的。模拟母亲离去的情境，本身就是被当作一个独立的游戏来反复进行的，同包含母亲返回的模拟情境的整个游戏相比，它发生的次数要多得多。

这个例子还不足以使人作出准确的推断。如果人们足够客观中立的话，会产生这种感觉，即这个孩子进行这个游戏是有着另外一种动机的。母亲离去时，他完全处于被动的地位，这种无能为力的感觉重创了他。但是，通过这个抛弃——寻回游戏，他夺取到了主动权——即便是这个游戏模拟的是让人不快乐的情境。可能是有一种要求控制他人的本能触发了这种行为，而这种本能引导行为并不以快乐为宗旨。不过，有的人也许会有不同的看法：扔掉东西从而使其"消失了"的这种行为，是来源于一种儿童的报复的冲动，以此对母亲离他而去的行为进行惩罚。这种冲动在平时是受到约束的。在这个游戏中，这种行为带有挑战的色彩："随便你吧，消失吧！我不需要你，我自己来把你赶走。"

一年后，我所观察的这个小男孩，当他对某个玩具不满的时候，他第一反应就是把它扔在地上，并且喊道："滚回前线去！"因为他听别人说，他的父亲外出去了"前线"。显然，他并不为此感到难过，他的行为反而明确地表明：他不喜欢别人妨碍他独自占有母亲。[1]据我们所知，有些小孩喜欢把东西看作人来扔掉，借此表达自己对某人的敌意[2]。根据上述情况，我们产生了这样一个疑惑：这种模拟使人无能为力的情境，借此来掌握主动权并控制情境的冲动，究竟能不能表现为摆脱快乐原则控制的基本事件？毕竟，在上文所探讨的范例中，那个小男孩也只能在游戏中重复经历不快乐的情境，因为这样会产生另一种快乐，但这种快乐仍旧是直接的快乐。

我们没有必要再对儿童游戏进行更深入的研究，因为这仍然无法消除我们的这种疑惑。显然，儿童们将现实生活中那些印象深刻的情境在游戏中反复再现，以此来释放这种印象的力量，并正如某些人所说，牢牢掌控着这种情境。然而，在另一方面，显然所有的游戏都被孩子们渴望长大的愿望所影响。长大了做大人做的事的这种愿望一直在左右着他们。我们也能发现，一种不快乐的情境并不是不能作为游戏的主题的。如果一位医生检查一个孩子的咽喉，又或者是动了一个小手术，那么我们能够断言，这些可怕的情境将会在这个孩子的下一

---

①这个孩子的母亲在他年满五岁零九个月时逝世了。母亲这次真的"消失"了（"喔——喔——喔"）。他并没有表现出难过的样子。这是因为，他母亲在这几年中又再添新丁，这使他极为妒忌。——作者原注

②请参阅我关于歌德的童年回忆的文章。——作者原注

个游戏中再现。但是，我们绝不能忽略的是，这个游戏同样会产生另一种的快乐：在游戏中，他的身份由被动接受者转变为主动执行者，而真实情境中那种不快乐的感受就转移到了他的玩伴——医生的替代者身上，这样，他就实现了报复的冲动。

但上述探讨还是指明了一点，即：不必去断言有一种特殊的模仿本能，来解释儿童游戏的动机。除此之外，还有一点需要补充：成年人进行的艺术性的游戏和模仿，是以观众为对象的，因与儿童的那些行为区分开。它们并不会删除那些令观众痛苦的情境（譬如悲剧），而他们反而从中获得了极大的快感。这个无可否认的事实表明，就算是在快乐原则占据主导地位的情况下，也能通过一些途径使不快乐的情境成为人们心中重复和回忆的主题。这些最终产生快乐的情绪的例子，应当在某种美学体系下用一种经济的观点来进行探讨。而对于我们来说，这些事例是毫无用处的，因为它们事先肯定了快乐原则的存在，且认定它占主导地位。从这些事例中，我们没有找到一丝线索能够证明：存在着超越快乐原则的趋向，也就是说，存在着某些独立于快乐原则之外、比快乐原则更基本的趋向。

第三章

二十五年来，经过勤奋认真的努力研究，精神分析法已经与它刚创立的时候判若两样了。最初，医生在进行精神分析时，只需要将患者无意识①里的东西提取出来，并整理成完整的内容，然后选择一个恰当的时机将这些内容告诉他本人。这时候的精神分析在本质上是一种解释的

---

①无意识：精神分析学的理论支柱。弗洛伊德把人的心理结构分为意识、前意识和无意识三个部分。弗洛伊德指出："心理过程主要是无意识的（注意，这里的'无意识的'指的是描述性意义上的无意识，即没有意识的，它包括了前意识与动力学意义上的无意识，即潜意识），至于意识的心理过程则仅仅是整个心灵的分离的部分。"无意识不仅在数量上多于意识，而且它还代表着人的欲望、冲动、动机和感情,同时是决定人的行为动机的真正内驱力。

方法，但是，这种方法并不能解决实际问题。因此，很快便出现了另一种治疗方法，即：强迫患者接受那些医生根据患者的回忆整理后的无意识里的东西。这种方法的重点在于如何应对患者的抗拒心理。因此，这种方法的关键点在于尽快向患者指出这种抗拒现象的根源和动机，并利用具有"移情"①作用的暗示来消除患者的抗拒心理。

然而，人们渐渐认识到，这种方法无论如何也不能实现精神分析的根本目的——将无意识里的东西提升为能意识到的东西。患者回忆起来的被压抑的东西并不是完整的，而那部分缺失的内容或许正好就是关键性的东西。所以，他不会去相信别人告诉他的那些正确构架起来的完整内容。他只是重复医生刚才所描述的被压抑的内容而已，而不是像医生所希望的那样，把这些内容当作自己过去经历的情境来回忆。②这些被压抑的东西，是以一种人们羞于面对的方式来细致入微地再现的。它们的主要内容，就是那些幼儿时期的关于性的东西，即俄狄浦斯情结③以及相关的衍生现象。在患者对医生产生了移情后，

---

①移情：精神分析术语,指病人将自己对父母或其他重要人物的情感转移到治疗者的身上,并相应地对治疗者作出反应的过程。对移情的了解和解决是所有精神分析疗法的基本成分。弗洛伊德曾把移情看作治愈病人的主要手段。荣格最初同意弗洛伊德的看法,但后来他认为移情在治疗中的重要性是相对而言的。

②论文《论回忆、重复与修通》。——作者原注

③俄狄浦斯情结：又称恋母情结,是精神分析学的重要术语,指儿子表现出的对母亲的爱恋,对父亲的嫉妒和仇视。弗洛伊德在进行精神分析时借助古希腊神话中的故事阐释了恋母情结。在古希腊神话中,王子俄狄浦斯无意之中杀了自己的父亲,娶了自己的母亲。

这些内容必定会表现出来。这时候，或许我们可以认为，一种新的神经症——移情性神经症，已经取代了旧有的神经症。这时候，医生应当将主要精力用在控制移情性神经症的扩散上。尽量让患者进行回忆，但又不陷入重复状态。不同的患者，回忆内容与重复内容的程度之间的比例是不同的。正常情况下，这个治疗阶段是不可避免的。医生必须强迫患者去感受那些他早已忘记的情境，无论如何，这将帮助他意识到，自己在现实中的一些状态似乎是过去生活的影子。如果实现了这一点，将会使患者产生信服感，那么这个以此为基础的治疗也就成功了。

我们想要更轻松地了解在神经症的精神分析治疗中出现的"强迫重复"现象，就必须摒弃一种错误的观点，即认为在治疗过程中，患者所产生的抗拒是来自于无意识方面的作用。无意识里的内容——换句话说就是那些被压抑的东西，是不会在治疗过程中起到任何抗拒作用的。事实上，无意识里的东西自身的努力无非就是为了战胜那个强大的压抑作用，尽一切可能使自己进入到意识的层面，或者在一些现实生活中的行为中得以释放。在治疗中产生的抗拒现象，来自于产生压抑作用的那个系统的同类，一种更加高级的系统。但我们却在现实中得出这样一个结论：对于自己为什么要抗拒，患者是不知道的，在最初治疗时，患者甚至根本意识不到自己的抗拒。这个事实提醒我们，应当尽力摆脱专业术语的混淆不清这一缺陷。如果我们是在显性的自我与被压抑的自我之间进行比较，而不是在意识与无意识之间纠缠不清的话，那么一切都是清晰明了的。当然，人们所说的自我的核心部分，连同它其他的绝大部分内容，都是属于无意识的。或许只有一小部分是前意识①的。如果用不同于普通描述的系统的或者是动力学的专业术语来加以阐释，得出的将是：抗拒作用产生于患者的自我。这样一来，我们就应该明白，强迫重复属于被压抑的无意识部分了。强迫重复有很大的可能性是压抑作用被治疗所克服之后才出现的。

　　自我产生的抗拒，无论是有意识的还是无意识的，都必然遵循着快乐原则：被压抑的部分在治疗中受到激活而导致了不快乐。于是，为了避免这种不快乐，患者产生了抗拒作用。另一方面，我们努力使现实原则发挥作用，从而实现对这种不快乐状态的暂时妥协。但是，我们应该通过什么渠道，将之前提到的强迫重复的现象，也就是那种显现出被压抑的东西的能量的现象，同快乐原则联系起来呢？显而易见，强迫重复过往的大部分经历必然会产生不快乐，因为这些经历都是被压抑的本能冲动的具体体现。对这种不快乐的状态，我们是有预见的，而且它并不违反快乐原则：在某一种机制下处于不快乐的状态，在另一种机制下，却可能恰恰相反。现在，一个新的难题又摆在了我们面前：那些绝不可能产生一丝快乐的经历也是强迫重复的作用对象，这些情境经历在早期就从未满足过被压抑的本能冲动。

---

　　①前意识：弗洛伊德将人格结构分为为无意识、前意识和意识三层。前意识界于无意识与意识之间。无意识的东西进入意识之前,先进入前意识。前意识的作用在于保持对欲望和需要的控制,延缓本能的满足。

幼儿时期的性萌芽注定难以维持，因为这种诉求与现实环境，以及与幼儿所处的未发育成熟的阶段之间的矛盾是难以调和的。这种幻想的破灭会给内心带了极度的痛苦和悲伤。这种失恋感和挫败感会在今后的生活中以自恋的形式持续不断地对自尊心予以重创。在我看来，这种重创对普遍存在于神经症患者之间的"自卑感"的形成起到了至关重要的作用，在这一点上，马尔西诺夫斯基与我观点一致。儿童由于自身发育状况的限制，不能得到性诉求的满足，所以，他们今后就会习惯于这样抱怨："我什么事都不会做；我什么事都做不好。"男孩与母亲，或者女孩与父亲之间通常的那条的纽带，那条通过爱联结起来的纽带，在从满怀期待到巨大的失望的过程中断裂，或者是在对弟弟妹妹的嫉妒中不复存在——一个新生婴儿的诞生意味着他爱慕的对象的不忠贞。他严肃、消极地亲自产生一个婴儿的计划，也在失败中羞愧收场。给予他的爱逐渐减少，对他的要求越来越高，语气变得严厉，偶尔还会受到惩戒，这些变化让他认为自己遭到了嘲弄。以上就是人们在幼儿时期的特殊爱情的最普遍的终结方式。

在移情过程中，患者竭尽全力地再现那些痛苦的情境。他们设法在进行到一半时中止治疗；力图使医生严厉冷漠地对待他们；他们刻意去寻找那些嫉妒的对象；他们会许下赠予别人贵重的礼物的承诺，以此来代替自己幼年时期盼得到的婴儿，但这种礼物往往仍是不切实际的东西。这些事情都不能使人产生快乐的感受，但我们假设，患者如果是在回忆或者是梦中体验的，可能他并不会感到多么不快乐。可以肯定，这些事情是为了满足本能的冲动。但是，患者并未从中吸取经验而得以改变，却似乎是在某种强大的力量的支配下，被迫重复着这些事情。

不光是神经症患者，在一些正常人的行为中，我们也可以发现那种强迫重复的现象。似乎有一股魔力或者是某种命运的东西在主导着他们的生活。但是，精神分析理论认为，这种魔咒是他们自己造成的，并且幼儿时期的经历对此有着决定性的影响。即便是他们从未表现出某种对抗神经症冲突的症状，但却有着与神经症患者相同的强迫重复行为。比如，现实生活中有这样一种人，他们在与人交往的过程中，结果总是千篇一律：以一个施恩者的身份，在每一次施恩后都会遭到对方的唾弃，无论对方是什么样的人。他似乎是命中注定要饱尝背弃的苦果。再比如，有一个人，他的每一段友谊都以对方的背叛为终点。又比如，有这样一个人，他一生都在帮助某人坐上权威的宝座，但是过一段时间，他又会帮助另一个人来取代前者的地位。还有这样一种人，他的每一次恋爱都在阶段和过程上完全一样。对于这种"不断重复同一件事"的现象，我们并不感到惊讶，因为它是某人的主动行为，并且这个人身上总是具有某些经久不变的性格特点，而在不断重复中所表现出来的就是这种性格特点。然而，相比之下，下面这些例子带给我们的冲击，则要强烈得多：这些事例中的主角都是处于被动地位，同一种被动经历不断地在他们生活中重复。比如，有一位妇女，在她的三次婚姻中，均是丈夫重病缠身，并且在临终的时候都是她在旁边照顾。在塔索①（Tasso）的浪漫史诗《被解放的耶路撒冷》中，这种命运被赋予了浪漫感人的色彩。在一次战斗中，主人公坦克雷德误杀了自己的心上人——身披铠甲伪装成敌人的克罗琳达。埋葬了爱人，坦克雷德闯入一片神秘的森林，克鲁萨德尔的手下曾在这儿魂飞魄散。他在用剑猛砍一棵大树时，树干淌下了殷红的血滴，并且，他听到了灵魂被囚禁在这棵树上的克罗琳达的声音，埋怨他再一次伤害了自己。

这些观察移情行为和人们的生活而掌握到的资料，如果我们对它加以研究，就会坚信，人的内心世界确实存在着一种强迫重复的倾向，它超越了快乐原则。当然，我们现在很乐意在创伤性神经症患者的梦和儿童游戏动机的研究中，把强迫重复这一关键因素考虑进去。

但是，我们也观察到，强迫重复原则是和其他动机共同发生作用的。在研究儿童游戏动机的过程中，我们曾经将注意力集中在另外一些解释强迫重复的方法上。在这个过程中，似乎强迫重复是与获取快乐的本能紧密联系并共同发挥作用的。移情现象，明显是被自我的压抑作用所利用，而强迫重复——这个我们在治疗工作中力图加以利用的原则，却好像是被自我所裹挟（同自我一样遵循快乐原则）。这样，那些我们称之为"命运"的强迫重复现象，似乎就能得到合理的解释了。因此，我们就不必再考虑用一些别出心裁的神秘动力去解释

————————
　　①塔索（1544—1595年），著名诗人,意大利文艺复兴晚期的最后一位代表人物。

这种现象了。

　　关于这种动力，最显而易见的例子就是创伤性神经症患者的梦了。但是，在经过更加严肃审慎的思考后，我们不得不承认，为我们所熟知的动力并不能解释其他所有的事例。在对强迫重复原则的合理性的证明上，还有许多问题没有解决。相比于它所超越的快乐原则，强迫重复原则似乎属于更为原始的东西，且更与本能相契合。如果人的精神世界中确实存在这样一种强迫重复原则，那么我们对它的一些情况将会很感兴趣：它对应什么功能？它出现的条件是什么？它与快乐原则有着怎样的关联？毕竟直到今天，我们还是认为，是快乐原则在主导着心理活动的兴奋过程。

第四章

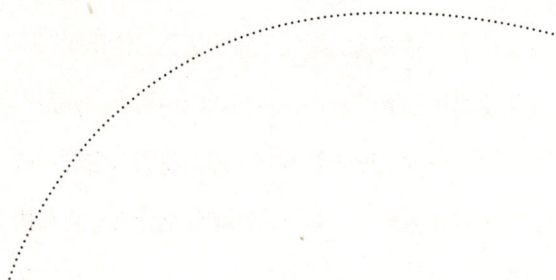

本章的内容属于理论思辨，人们通常将它当作一种站不住脚的理论思辨，读者可以按照自己的兴趣来选择是否考虑它。这种思辨主要是一种出于好奇心的尝试，即希望看看前后贯通地彻底研究某一观点后，将会得出怎样的结论。

在研究无意识的过程中，我们获得了这样的印象：**心理活动的本质属性并不是意识，它只不过是这个过程中的一种特殊的东西——**精神分析的理论思辨正是以这种假设作为出发点的。这种假设用元心理学的术语来描述，就是：意识是Cs.（意识系统）这种特殊系统的功能。意识所产生的东西主要有两种类型：一种是对来自于外部世界的兴奋的知觉，另一种就是来自于内部心理器官的快乐与不快乐的情感。因此，我们有可能把Pcpt.–Cs.（知觉–意识）系统定位在一个介于外部与内部之间的空间位置上，它应当被推到外部世界，并且容纳着其他的一些精神系统。在这种假设中，人们完全看不到带有新意和创见的东西。我们不过是引用了大脑解剖学在意识的空间定位的研究中所持有的观点。这种观点认为，意识位于大脑皮层中，即包裹着中枢神经器官的最外一层。至于意识为何位于大脑皮层而不是居于最内部的位置这个问题，对解剖学来说是无须深究的。或许我们在Pcpt.–Cs.系统中来探究这个问题会比较容易。

我们纳入意识系统的各种过程之间的唯一的区别性特征并不是意识。根据在精神分析中所获得的经验，我们坚信，出现在意识以外的其他系统中的兴奋过程，必定会在这些系统中遗留下一些促使记忆发轫的痕迹。因此，这些记忆痕迹的形成与它们是否曾是有意识的东西毫无关系。实际上，这些从未进入意识的兴奋过程所形成的记忆痕迹往往最刻骨铭心。然而，我们注意到，人们很难相信在知觉–意识系统中也会形成这种难以磨灭的记忆痕迹。如果这些痕迹是有意识的，那么它们将会限制这个系统的感受兴奋刺激的能力。[①]但如果它们是无意识的，又有这样一个问题摆在我们面前：这种无意识的过程，为何出现在一个被有意识的现象所充斥的系统中。即便我们把产生意识

---

①下述内容全部引自布罗伊尔在《癔病研究》（弗洛伊德与布罗伊尔合著，1895年）中的观点。——作者原注

的过程划分在另一个特殊的系统中，也是毫无作用的。虽说这种观点并不是绝对严谨，但却让我们联想到：在同一种系统下，产生意识和形成记忆痕迹是两个完全独立、互不干涉的过程。有鉴于此，我们能够得出这样的观点：兴奋在意识系统中变为了有意识的东西，但不会形成长期的记忆痕迹。它被传递到意识系统下面的系统中，并留下了痕迹。这种观点也出现在《梦的解析》的理论环节中，并被我用图解的方式来进行过阐述。我们对于意识的产生的其他根源还是一知半解，因此，当我们提出"意识产生于对记忆的替代"这个假设时，还是很有价值的，因为，这一观点毕竟是通过极其精确的专业名词来表达的。

一旦这个假设成立，那么意识系统就会具备以下特征：它并不会在接受兴奋刺激过程中产生任何永久性的改变（与其他精神系统相反），兴奋刺激似乎在演变为意识的过程中逐渐挥发了。我们必须用这个系统的特征来对这种有悖常识的特例加以说明。这种其他系统所不具备的特征，很可能就是意识系统连接外部世界的状态。

我们用一种最简单的生命形式来构架一个有机体，将它想象为一个未产生细胞分化的囊。它感受外部刺激的能力极其敏锐，它的表层，即与外部世界接触的那部分，正是以这种功能为目标而分化出来的，并最终形成了接受刺激的感觉器官。事实上，具有再现演化史的功能的胚胎学，让我们清晰地看到：中枢神经系统来自于外胚层的进化，而有机体最原始的表层则最终演化为大脑灰质，并且，它的某些特征还保留了下来。这就很容易使人们联想到，来自外部的不断刺激很可能在某种程度上永久地改变了这个原始表层的成分和结构，这样一来，在这个表层中的兴奋刺激的传递路线，就与更深层次的结构中的兴奋传递路线产生了差别。于是，这个表层就演变为一个硬壳，它被刺激"炙烤"到了极致，不再产生任何变化，并能够最大程度地为接受刺激创造有利条件。借由意识系统的专业术语来说，就是它的成分在任何刺激下都不会再发生任何永恒的变化，因为，它已经达到了上限。然而，它有可能会产生出意识。关于这种兴奋过程和成分变化的本质，众说纷纭，但暂时都难以得到证明。或许某人会有这样的想法：兴奋在各部分之间的传递过程中，必须战胜某种阻力，而在这个过程中，产生了一种兴奋痕迹并被永久性地保留了下来。换句话说，它起到的是在战胜阻力方面的一种逐渐进化的作用。因而，这种阻力将不会存在于意识系统的兴奋传递中。对于这个观点，我们可以联系布罗伊尔的下述理论来加以思考：在精神系统各部分中，存在着稳态的（或联合的）精力贯注和活跃的精力贯注这两种不同的方式。[①]其中联合起来的能量不为意识系统的各部分所容纳，它们只容纳能够无限制地释放的能量。不过，我们不宜太过随意地对此类问题发表意见。虽说如此，但上文的理论思辨内容还是使我们了解到：有某种联系，存在于意识的起源、意识系统的空间位置以及产生于意识系统中

---

①请参阅布罗伊尔与弗洛伊德合著的文章，1895年。——作者原注

兴奋过程的特点这三者之间。

　　不过，我们还得谈谈那个有机生命囊的表层的一些细节。这个有机生命体的微小结构，暴露在充满巨大能量的外部世界中。假如没有这个抵御外部刺激的表层，这个囊将会在强烈能量的刺激之下死亡。这个表层本身的结构已经不再具有生命特征，而是类似于无机物，于是，它就成为了过滤外部刺激的一层保护外壳。就这样，囊的保护层便形成了。它保证了进入有生命的内部皮层的能量只剩下原来的极少部分，而内部皮层将可以安全接收这种过滤后的刺激。这层保护结构以牺牲自身的方式来换取内部结构的存活，除非它受到的刺激的能量超过了它所能吸纳的极限——它被洞穿了。对有机生命体而言，抵御刺激比感受刺激更加重要。这个保护层自身具有能量，它最首要的任务就是保证它自身的那些特殊的能量转换活动的正常进行，避免来自于外部的强大能量对这些转换活动的干扰和破坏。机体感受刺激主要是为了得到关于外部刺激的位置和本质的信息，因此，保护层只须抽取少量的样品来对外部进行抽样统计就行了。虽然在高级形式的有机体中，原始的囊的那个保护皮层已经退隐于身体的内部结构中，但仍有一些遗留下来的部分还存在于普通防御刺激的保护层之下，这些部分被我们称为感觉器官。它们的主要包括：感受特定刺激的器官结构；进一步抵御过量刺激和过滤不利刺激的特殊组织。它们具备这样的特点：只考察外部世界的极少量刺激，并且只进行抽样调查。它们就像是接触外部世界的触角，不停地向外小心翼翼地试探着，一经触碰，立马收缩。

在这里，我鼓起勇气，希望能探讨一个问题，这个问题本应得到最彻底的探究。今天，精神分析理论的研究成果，使我们能够对康德提出的这个观点——时间和空间是"思想的必然形式"——进行讨论。无意识的心理活动"独立于时间之外"这一结论，是我们早已知晓的。这就表明：时间不能对它们产生任何影响，它们的运动也不以时间为轴，并且，任何与时间有关的概念，都不能用在它们身上。以上是无意识心理活动的负面特点，这些特点只有在与有意识的心理活动的对比下才能让人们一目了然。但是，从另一方面来看，我们对时间的抽象感知完全是通过知觉-意识系统的作用方式来形成的，而且这种抽象概念是与这个系统本身对这种作用方式的感知相吻合的。这种作用方式也许是另一种产生抵御刺激的保护层的手段。可以想见，人们必然难以理解以上观点，但我不能使自己的论述超出这些启示性的思想之外。

关于那个有机生命的囊获取保护层的方式，我们之前已经讲过了；我们还提到，一些感觉器官来源于保护层之下的皮层的分化。来自内部的兴奋，同样会刺激这个意识系统的前身，即敏感的皮层。这个系统介于内外之间，它在内部和外部这两种情况下接受刺激的条件的差别，以及它所处的空间位置，决定了这个系统与整个心理器官的功能。保护层将这个囊的外层组织与外界隔开，通过过滤作用来减弱外界刺激对它的负面影响，从而抵抗刺激。然而，这个囊的内部组织却明显不具备这样一个保护层，因为从那些来自最深处的兴奋刺激能够产生快乐——不快乐的情绪这一点来看，它们是径直地、完整地进入这个意识系统的。但与外部刺激相比，它们在强度上以及其他诸如幅度等本质属性上与这个系统的作用方式更为契合。这个不同点导致了下述显而易见的现象：首先，快乐与不快乐的情绪（表明心理器官深处发生了变化）凌驾于外部刺激之上；其次，一种特别的手段为人们所使用，借以应对所有可能导致不快乐的情绪大幅度增长的内部刺激。心理活动带有一种自欺的趋势，趋向于将内部刺激当作外部刺激。通过这个方法，内部刺激就能够为保护层所过滤从而抵挡伤害。此法进一步发展，就形成了投射①。在病理过程②的机制方面，投射必然会产生这种保护层的强大作用。

上述的探讨，我认为已经将快乐原则的主导地位清晰地展现在我们眼前了，但仍有那些与此相冲突的现象遗留了下来。那么，我们就继续对此进行深入的探究。"创伤性"的兴奋，我们将它定义为足以洞穿保护层的所有外部兴奋刺激。我认为，创伤的形成与抵抗刺激的壁垒被出乎意料地突破的现象有着必然的联系。外部创伤必然造成有

---

①投射：即外向投射，一种心理防御机制，最早出现在弗洛伊德写给威廉弗里斯的信中。弗洛伊德认为当"本我"的冲动及欲望得不到满足或者受到压抑时，自我就把冲动与欲望转移到别人或其他事物上，这就是投射。由于投射允许表达那些得不到意识承认的不必要的无意识冲动或欲望，因此它能降低焦虑水平。这种行为的一个例子就是因为自己失败而去指责他人。

②病理过程：不同的疾病中共有的，如发炎、发热、缺氧等特征的变化过程。

机体大面积的功能瘫痪，并且迫使有机体尽一切可能地调集体内所有的防御手段。而此时，快乐原则的作用将进入休眠模式，有机体唯一的目标就是：将入侵的巨大刺激稳定住，并将其纳入精神力量的范畴中，借此化解它们。

或许正是由于这层保护壁垒被突破，才产生了那种肉体上的疼痛引发的特殊的不快乐的情绪。于是，在联系中枢心理器官的外部神经组织中，产生了一股持续不变的兴奋流，这种兴奋流通常只在器官内部产生。此时，我们很期待人心将对这种刺激作出怎样的反应呢？人心将体内的全部精神力量汇聚起来，以保证能为被洞穿的那部分壁垒提供足够的高强度精神能量。这样一来，大范围的"反向精神贯注"就被激发了，由于其他的精神系统为减少消耗而进入休眠以保障足够的能量供给，导致这些系统的精神功能大范围减弱甚至瘫痪。对于这种现象，我们必须竭力从中得到启发，并以这些启发为根基来进行元心理学的研究。从上述现象中，我们能够得出结论，如果某个系统处于精神能量高度贯注的状态，那么它将有能力额外吸收一股新增的能量流，并将其转化为稳态的精力贯注，一言以蔽之，就是将其纳入精神力量的范畴中。由此可见，系统自身的精力贯注度与它的吸收能力是成正比的。所以，精力贯注越低，吸收转化外来力量的功能就越弱，这股能量洞穿保护层后所产生的负面影响就越大。反驳这种观点的以下说法无疑是错误的：大量兴奋刺激的入侵直接促使被洞穿的壁垒四周瞬间达到高度精力贯注的状态。按照这种说法，心理器官所做的仅仅是加强精神的能量贯注，这样就无法解释其他系统的功能障碍和因此而引发的痛苦折磨了。除此以外，巨大的痛楚所引发的剧烈的释放现象与我们的观点并不相悖，因为这种现象以反射的形式出现，并不会受心理器官的影响。不确定性因素始终贯穿在元心理学研究过程中，这是因为：对发生在精神系统的各部分中的兴奋过程，我们是缺乏本质了解的，并且，在对此作出某些猜想时，我们往往会发现自己缺乏证据来证明它。这样一来，我们似乎一直都带着一个庞大的未知数进行运算，并且还必须把这个未知数代入到每一个新的公式中。或许我们可以这样认为：这个兴奋过程建立在不同量值的能量上；又或者：这个过程是建立在不同属性的质（譬如幅度这一属性）上的。在这里，我们已经引入了布罗伊尔的理论，即精力贯注分为两种：活跃的精力贯注和稳态的精力贯注，前者迫切要求得到释放。因此，我们有必要区分这两种不同的精力贯注方式。事实也许是这样的：所谓将入侵的能量流纳入精神力量的范畴，其实就是将这种活跃的能量转化为稳态的能量。

我们完全可以这样认为：保护层所遭遇的大面积洞穿引发了常规的创伤性神经症。这似乎又在重走休克理论的老路，而后来那个更加锐意进取的心理学理论与这个古老的理论截然不同。前者认为，诱发此症的关键因素是惊悸以及生命遭遇危险等状况，而不是物理运动的粗暴洞穿所引发的一系列反应。不过这两种理论的对立也并非势如水火，更何况，就算是从最粗略的角度来看，在创伤性神经症的研究上，精神分析法所持的观点也与休克理论不同。古典的休克理论的观点是：神经系统的某部分在分子层面或组织层面上遭到了结构性的重创。然而，我们想要探究的是，面对保护层被洞穿所引发的一系列状况，心理器官会作何反应。惊悸因素的重要性毋庸置疑，这一点我们仍须强调。惊悸的产生是由于人心对焦虑毫无准备，也由于第一个受到刺激的系统内缺乏高度精力贯注。精力贯注的匮乏导致该系统难以有效控制住侵入的兴奋刺激，保护层洞穿的情况也就极易发生。从中我们不难看出，对焦虑做好准备和高度精力贯注这两个环节是保护层的最后一道防线。在创伤性的病例中，是否借助高度精力贯注来做好对焦虑准备，对最后的结果来说是一个至关重要的因素。不过当刺激的强度超过某种临界值时，就另当别论了。众所周知，梦是人们欲望的虚幻实现。在快乐原则占据主导地位时，这种间接满足欲望的方式就成为了梦的功能。不过，创伤性神经症患者反复梦见创伤时的情境这种状况，却不是快乐原则在起作用。毋宁说，此时的梦是在协助执行一项任务，并且必须在快乐原则占据优势地位之前完成。它用情景再现的方法来获得当时抵御创伤所缺乏的焦虑，并试图在这种再现的情境中抵御刺激。在对这类梦的探究中，我们形成这样一种观点：人心中存在着这样一种趋向，一方面，它能与快乐原则共存；而另一方面，它又独立于其影响之外。并且，这种趋向似乎比趋乐避苦的趋向更为原始且更接近本能。

似乎已经走到了这一步，我们终于可以首次宣布："梦是欲望的满足"这个命题不是绝对的，其间存在着一种特例。就像之前我不厌其烦地强调的那样，焦虑性的梦不属于这种特例，"惩罚性的梦"也同样不是，因为它们只不过是通过惩罚那些被禁止的欲望满足，以此来取代欲望满足罢了。换句话说，这是一种负罪感的欲望满足，这种负罪感来自于被压抑的本能冲动。然而，我们并不能把上文提到的梦划归到这种类型之中。它们要么是创伤性神经症患者的梦，要么是在精神分析治疗中再现幼年时期精神创伤的情境的梦。我们不如说，是强迫重复原则引发了这些梦，即便我们在具体研究中发现，是一种（受到"暗示"鼓励的）欲望在维系着这种强迫重复。这种欲望就是再现被压抑的情境。综上所述，通过欲望的满足来保障睡眠的功能并不是梦的原始功能。这种功能只有在快乐原则占据主导地位的情形下，才会得以执行。如果我们承认了有一种超越快乐原则的趋向存在于人的内心中，那么毫无疑问，在最初的那段时期，梦的功能并不是满足欲望。唯有如此，才不至于前后矛盾。但这并不代表我们不承认梦的满足欲望的功能。然而，一旦此基本原则被否认，一个新的问题又将浮出水面，即秉持着从精神上化解创伤的原则，这些被强迫重复原则所主导的梦是否压根就不会出现在精神分析范畴以外？对此只能有一个准确答案。

我在别的文章中①已经证实："战争性神经症"（就它不单指病发时的环境这一点来说）极有可能就是因自我中的矛盾而病情加重的创伤

---

①请参阅我的《精神分析和战争性神经症》一文的导论部分。——作者原注

性神经症。假使我们将从始至终为精神分析法所强调的两个事实铭记于心，那么我在第9页上提到的那种事实——即创伤给肉体带来的重创能够降低神经症发病的几率——将很容易被理解。这两个事实分别是：机械的刺激是性兴奋的来源之一；[①]当那些痛苦的、发热性的疾病长时间困扰患者时，力比多[②]的分布将会受到它们的巨大的影响。所以说，创伤造成的机械刺激释放了大量的性兴奋，但这些兴奋在机体缺乏对焦虑的准备的情况下，又带来了创伤性的破坏；而另一方面，这种肉体上的创伤使自恋性的精神能量高度贯注于受损器官[③]中，从而抵御过量的兴奋刺激。力比多理论还没有对一个事实完全加以利用，即使它早就为人们所熟知：在力比多分布失调的忧郁症中，并发的躯体器质疾病会使病症短暂消失。不光如此，严重的早发性痴呆症（或者叫做精神分裂症）在这种并发的躯体疾病的状态下，也会出现短时间内的好转。

---

①请参阅我在《性学三论》中的一段有关摇摆和火车旅行结果的论述。——作者原注

②力比多：又称"欲力"、"性力"、"心力"，精神分析术语。由弗洛伊德1905年在《性学三论》中首次提出，指一种与性本能有联系的潜在能量。他把性欲与自我保存本能做了对比，并用力比多一词泛指性欲或性冲动，后扩展为一种机体生存、寻求快乐和逃避痛苦的本能欲望的力量，是一种与死本能相反的生本能的动机力量，包括各种形式的爱欲及其派生物。

③请参阅我的关于自恋的论文——作者原注

第五章

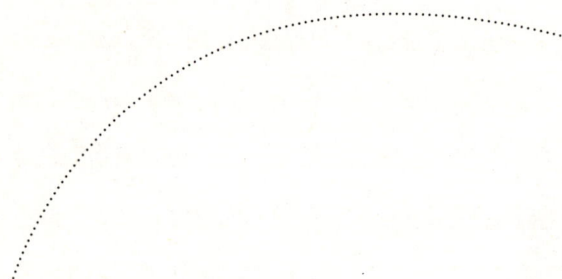

接受刺激的皮层并不具备过滤来自内部的兴奋刺激的保护层，这就使那些来自内部的兴奋刺激在传导方面具备了现实意义上至关重要的优势。这种传导优势还时常引发某些与创伤性神经症相仿的现实障碍。这种内部的兴奋最丰富的源泉就是有机体的"本能"——即所有从身体内部萌发继而传送到心理器官的力量。在心理学的研究中，对本能的探索最核心的内容，同时又是最迷雾重重的领域。

假使我们将源自本能的冲动归类于那种亟欲得以释放的自由活动过程而不是联合性的稳态过程之中，似乎还不至于获得过分草率之名。我们对这些过程的了解，最成体系的那部分还是来自于对梦境的解析中。我们从中发现，无意识系统与前意识系统（或意识系统）在运动过程中是有着本质区别的。存在于无意识中的精神能量，可以被毫不费力地彻底移除、替换和冻结。相反，前意识系统中的材料则对此免疫。这可以用来解释我们司空见惯的显梦的特征，因为在无意识系统的规律下，前一天的前意识记忆痕迹已经在显梦之前被部分抹去了。无意识系统中的心理运动过程，我名之曰："原发性"心理过程，以此与在正常清醒状态下的"继发性"心理过程区分开来。由于本能冲动无一例外地以无意识系统为作用目标，因此，将它们纳入原发性心理过程的观点也就再平常不过了；并且，人们很自然地就将原发性过程等同于布罗伊尔提出的活跃精力贯注，继发性过程等同于联合性的或拓展性的精力贯注。① 假如这种等同成立，那么结合原发性过程中的本能兴奋就成为了较高级的心理器官的任务。如若结合失败，一种与创伤性神经症相仿的障碍就会随之出现。并且只有成功结合，才能保证快乐原则（和它衍生出的现实原则）顺利地主导心理活动。在此之前，稳定兴奋量是心理器官的首要任务。这个任务独立于快乐原则的作用范围之外，但并不与其相悖，而是在一定程度上忽略它。

　　强迫重复现象（我们之前说过，它们不仅存在于早期的幼儿心

---

①请参阅我的《梦的解析》第7章。——作者原注

理活动中，还存在于精神分析的治疗过程中）的种种表现形式都明显地显现出本能的色彩，当这种表现形式与快乐原则相悖时，它们给人的感觉就像是处在一种"魔"力的控制之下。我们在儿童的游戏中观察到，他们之所以反复再现那些不快乐的情境，似乎另有原因——同当时被迫感受强烈刺激相比，他们在这种主动的体验中能够更好地主导不快乐的情境。每一次重复都像是在进一步巩固这种主导地位。那些快乐的情境很少被他们重复再现。他们对重复的精确度的要求近乎达到偏执。这个特征在他们长大之后就消失了。听过一次的笑话难以使人再次发笑。没有哪个戏剧在第二次上演时能带给观众们在首次观看时所获得的那种强烈震撼。实际上，我们几乎不可能使一个成年人去重复阅读他刚刚兴致勃勃地读完的书。新鲜事物总是带来快乐。然而，孩子们却总是恳求大人重复那些以前教过他们或者和他们一起玩过的游戏，且从不会感到厌倦，直到大人筋疲力尽方才罢休。一旦大人给某个孩子讲了一个有趣的故事，那么这个孩子就会一再央求他重复这个故事，而不愿以新的故事来代替。并且，这个孩子还会要求在重复中不能有一点不同或刻意的改动——即使这些改动是为了博得他们新的掌声。凡此种种，皆不悖于快乐原则。重复，在同一情境中获得不同的体验，其本身就会产生快乐。与之相反，在对某人进行精神分析的时候，他在移情状态下强迫重复再现幼年情境的这一过程，显然是与快乐原则彻底对立的。此人的一言一行都与儿童相仿，这说明，那些被压抑的幼年体验的记忆并没有在他体内以结合的形式存在，相反——可以这样说——的确无法纳入继发性心理过程中。正因为如此，这些并未被结合的记忆痕迹就具备了一种能力，它能够结合前一天的记忆痕迹，从而形成能够满足欲望的梦。这同一种强迫重复现象时常给我们的治疗带了麻烦：使我们在精神分析结束后难以使患者摆脱医生的影响。也可以这么说，那些对精神分析法知之甚少的人，当他们隐约感到一种不安，即害怕唤醒那些他们想掩盖的处于沉睡状态的东西的时候，他们内心真正惧怕的其实就是那种似乎被"魔"力控制的强迫重复现象。

但是，本能与强迫重复之间又是怎样联系起来的呢？对此，我们或许早已捕捉到了本能所具备的、甚至是有机生命界所具有的共性的蛛丝马迹。对于这种共性，人们尚且知之甚少，或者说至少还未明确强调过。或许可以这样说：**本能是有机生命体中与生俱来的一种回归事物原始状态的冲动。**而在外界环境的作用下，有机体早已被迫摒弃了这种原始状态。由此可知，本能是有机体的一种折中手段，或者说，是有机生命体与生俱来的惰性的体现。①

对于这个观点，我们感到非常陌生，因为在我们根深蒂固的观念里，本能中总是包含着一种积极向前的东西。但现在，这个观点却迫使我们去发现本能中的另一种相反的因素，即有机体的因循守旧的特性。同时，我们的脑海中能够立刻浮现出动物界的一些现象，来证明

---

①我相信，人们早已多次发表过关于"本能"的本质的类似观点。——作者原注

这一观点——历史决定本能。比如，某些鱼类，它们会在产卵期离开栖息水域，不远万里地游到一片遥远的陌生水域中产卵。大部分生物学家们认为，它们的这种行为只不过是为了回到自己先祖曾经栖息过的旧地，而这些旧地后来沦为了其他鱼类的栖息水域。人们相信，候鸟的迁徙亦属此类。假如我们思考过下列问题，那么就毫无必要再去寻找别的例子了。在遗传学与胚胎学的范畴内，有机生命体的强迫重复特征极其明显地表现了出来。我们从中发现，动物的胚胎在发育过程中是如何再现它的先祖们在进化历程中的各个阶段，而不是直接抵达终极形态的。我们很难从机械的角度来对此加以解释，所以，历史的解释就尤为重要了。此外，有机体复制失去的器官的再生能力，在动物界也是习以为常的。

我们会遇到这样一种无可厚非的争议：不光只有保守性本能，还可能存在着另外一种促进发展变化的积极性本能。这个观点很重要，我们姑且在今后的某个阶段再来讨论它。不过，按照现在的情况，我们最好是将本能倾向于回归事物原始状态这个假说在逻辑推导下所得出的结论描述出来。这个结论兴许会让人以为是神秘主义的观点，或者装神弄鬼的把戏。然而，我们可以诚实地说，自己并未怀有此类目的。我们只不过是为了在这个假说中推导出正确的结论，除了结论的确定性，我们并不追求其他别的什么东西。

我们假设存在这样一个前提，即有机生命体的本能无一例外都是因循守旧并由历史所决定的，它们竭力回归旧态。这样，我们将会推演出下述结论：生物的进化动力来自于外部环境的作用。起初，它们的先祖并没有发展的诉求；假使环境永恒不变，它们的生命历程将会一直重复循环下去，毫无变化。但最后，由于环境的作用，在有机体的进化史中，铭刻的必然是它们所处的地球的演变史和地球与太阳的关系史。那些守旧的本能将有机体生命历程上的每一次被迫发生的变化尘封起来，以备今后重复之用。所以这些本能往往予人以力求变化的假象——实际上它们只不过是为了借此达到那个原始的目标罢了。对于这个有机生命体的终极述求，也是有可能确定的。假如说这个述求是为了达到某种至今尚未达到的状态，那么它将会与本能的守旧性自相矛盾。反之，生命的终极目标乃是回归旧态，一种最古老的状态；生命体在某一阶段被迫放弃了这种状态，但它一直在竭力沿着曲折的发展路线挣扎着回归到这种最初的状态中去。

假如说，一切生命都遵循来自内部的述求而回归死亡（也就是再次分解为无机物）这个假设成立的话，我们将不可否认，**"死亡是一切生命的终极目标"**，并且在回溯历史时，我们还会发现，"无生命的物体是先于有生命的物体存在的"。

在某个时期，一种未知的力作用于无生命的物质，从而使其发展出了有生命的结构。或许，这个过程的作用方式与生命体后来在某个特殊层面上产生意识的那种过程相差无几。然而，那个之前一直是无生命状态的物质受到来自自身的弹力，挣扎着想重归旧态。就这样，最古老的本能诞生了，即那个渴望回归到无生命的状态中去的本能。

那时候，生命体的死亡还是十分容易的。它的生命旅途只有短短的一瞬间，这条旅程的方向取决于这个古老生命体的化学结构。生物体这种不断繁殖旋即轻易死去的状态，持续了很长一段时间。直到后来，外部环境发生剧变，那些幸存的有机体彻底偏离了当初的生命旅程。它们在通往死亡这一终极目标的过程中，踏上了一条更为曲折的道路。这条在因循守旧本能的竭诚维持下的羊肠之路，此刻在我们眼前呈现出一幅生命历程的全景图。假如我们坚信，本能必然具备这种独特的因循守旧的属性，那么在生命的起源和目标这一问题上，我们将不会产生别的观点。

我们能够想到，隐藏在生命活动之后的本能所代表的东西，必定会使人陷入困惑中。比如，在我们看来，自我保存的本能存在于所有生命体中，但这种猜想恰好与生命的总体目标是死亡这一观点相矛盾。按照这种观点，自我保存的本能、自我肯定的本能以及控制的本能在理论上来说也就不再那么重要了。它们只是一些区域性的本能，肩负着规避除有机体回归初态之路以外的其他一切道路的责任，从而确保有机体以自己的方式死去。我们大可不必再纠结于有机体在面临危险时所展现出的令人难以理解的自我保存生命的坚定信念（无论从哪个角度来看，这都是个难题）。目前我们要探究的是这个现象：有机体只肯沿着自己的道路走向死亡。这样看来，那些生命的坚定守护者同时也是死亡的忠实信徒。于是，出现了一副矛盾的画面：有机生命体不遗余力地应付某些东西（即所谓的危险），而这些东西实际上是有助于它们更快地抵达终极目标的。这种现象彻底显现出了与理性截然不同的本能的属性。

不过，我们姑且停下来，用心想一下，就能看出，上述假设难以成立。因为在神经症理论中获得特殊地位的性本能，所显现出的是一幅截然不同的画面。

来自外部环境的影响力促使有机生命体不断进化，但并不是所有的有机体都受到这种力量的影响。时至今日仍有很多有机体处于极为原始的状态。这些有机体大部分（即使并非全部）与高级动植物的最初级状态相仿，它们确实延续至今。无独有偶，在高级有机体精密的生命结构中，并不是所有的基础部分都经历了迈向死亡的曲折之路。一些基础成分，譬如生殖细胞，似乎就一直停留在生命体的原始状态；一段时间过后，它们包裹着先天具备以及后天获得的一切本能脱离了有机体。或许上述两点就是它们可以独立存在的基础。当环境允许时，它们就开始发育，换句话说，也就是开始重演那个产生了它们自身的过程。于是，它们体内的物质，一部分作为生殖细胞脱离整体，重回起点；而另一部分，则保留下来直到生命的终点。由此可知，有机生命体试图利用生殖细胞摆脱死亡，事实上，这些生殖细胞的确使它们得到了永生，只不过这种永生是内在意义上的永生——即使它不过是将生命的终点变得更加遥远。以下事例尤为重要：生殖细胞的这种功能，只有在与同类异性细胞合体的情况下才能体现出来，或者得以强化。

曾决定着古老生物的命运的这种存在时间远远超出个体生命的本能，为原始有机体提供保护伞以此来抵御它们之前无法应付的外部刺激的这种本能，指引着生殖细胞之间的相遇的这种本能，像这样的所有本能统称为性本能群。同其余所有的本能一样，它们也都具有因循守旧性——因为它们的目的是回归初态，并且这种守旧性更为强烈，换句话说，它们极度抵制来自外界环境的刺激。此外，在另一层面上，它们同样具有守旧性——生命因它们而得以长久保持。它们与其他导向死亡的本能进行斗争，是真正意义上的生本能。这就说明：性本能与其他本能处于对立状态。在神经症的相关理论中我们早就发现了这种状态的重要性。似乎存在着一种往复于两极间的摆动趋向，在引导着有机生命的运动：一群本能裹挟着有机体涌向生命的终点，当它们到达某一极点时，另一群本能慌忙指引有机体返回另一个相反的极点，以新的开始来延续整个生命的进程。即使能够断定，在生命诞生之初并无性欲与性的差别，但仍不能排除下面这种可能：后来被称为性本能的那种本能，或许在最初阶段就已经在起作用了。在某些人看来，性本能只是到了后来的某一时期才会出现并对抗"自我本能"的。这种看法或许不完全正确。

现在，我们姑且停下来，回头想想以上论点是否有理有据。除性本能外，不要求回归初态的本能真的不存在吗？趋向于有机体前所未有之状态的本能真的不存在吗？我在有机界中并没有发现与我在此猜想的那些特征相矛盾的确切事例。在动植物界，毋庸置疑，我们并未捕捉到那种趋向高级阶段的普遍本能——即使确实存在着向高级阶段的发展。一方面，我们往往从个人的角度来判定某个发展阶段高于另一发展阶段；另一方面，据生物学家所说，有机体某一方面的高级发展常常意味着在另一方面的退化，这种退化与它势均力敌，或占据绝对优势。更何况，我们能够从很多不同种类的动物的形态的原始阶段中发现：某种退化的痕迹存在于它们的发展过程中。退化和高级发展同样能够被视为外部作用力的结果。在这两种过程中，本能只是作为一种快乐的内部来源的形式来保存某种必要的变化。①

　　或许对大部分人来说，这样的观念是不容置疑的：人类拥有趋近完美的本能，现今人类所达到的高层次的智力水平和道德境界都要归功于这种本能，此外，它可能还会引导人类走向超人阶段。但我并不认为存在着这样一种内在本能，而且，我也实在找不到这种美丽的误解存在的必要性。我认为，对动物的演变过程的解读方式似乎完全可以用在人类现今的发展阶段上，两者几乎没有区别。至于那部分如凤毛麟角般稀少的人所显现出的追求完美的坚如磐石的冲动，很明显是本能压抑所造成的。这种本能压抑为人类文明中所有最为璀璨的瑰宝奠定了基础。被压抑的那部分本能时刻挣扎着追求彻底的满足，

────────

　　①费伦采的观点与此处殊途同归："若推导出这个观点的逻辑结论，就会发现：有机体同样被一种重复和溯源的趋向所主导。但是，唯有当有机体受到外部刺激之后，这种向高级阶段发展的意愿，以及适应环境的趋向等力量才会活跃起来。"——作者原注

而这个过程是以一种重复原始经验下的满足的形式进行的。被压抑的本能时刻处于兴奋状态，这种状态令任何替代、反向形成以及升华[①]都无济于事。要求满足带来的快乐与实际满足带来的快乐有所不同，这两者在量上的差距产生了某种动力，它不允许本能被完全满足。这就是诗人所说的：不断地向前猛进。[②]通常情况下，对坚持压抑的反抗往往会切断追求彻底满足的后路。所以只能朝着唯一允许的方向前进——虽然并未以结束这一过程或实现彻底满足为目标。恐怖症的发病原因——那种只是为了防止获得某种本能满足的过程，很好地说指出了人们臆想中的"追求完美的本能"的来源。这种本能并非人所共有。虽说这种本能的发展所不可或缺的动力学因素是广泛存在的，但在实际生活中，却几乎没有适合其产生的状况出现。

请允许我再说一句，我想这样假设：对于这个难以证实其存在的"追求完美的本能"，我们也许能用爱的本能在有机体的整合统一过程中所发挥的作用来取而代之。或许，那些被人们看作是由本能所引发的现象，都可以用爱的本能、压抑的作用来加以说明。

---

①替代：心理防御机制之一，包括幻想和补偿。

反向形成：心理防御机制之一。指个体无意识中把某些不被许可的内心冲动、欲望转换为某种相反的行为，以减轻、消除不断增强的自我焦虑。如爱某人，却用攻击、拒绝来表现。

升华： 心理防御机制之一。指将力比多转化为社会认可的成就（主要是艺术）的过程。精神分析学家指出，升华是唯一真正成功的防御机制。

②语出《浮士德》中的梅菲斯特。第1部分。——作者原注

第六章

到目前为止，我们的研究成果是：我们已经明确地将"自我本能"与性本能区别开来，并判定：前者导向死亡，而后者则延续生命。但是，即便是在我们自己眼中，这个观点也是不尽如人意的。而且在事实上，我们也只能将自我本能的特性定义为一种类似强迫重复的保守、退化的特征。这是因为，按照我们的猜想，自我本能萌发于无生命物质演变为有生命物质的那一刻，它们旨在回归无生命的阶段；而性本能，虽说它们的确回归到了有机体的原始形态，但显而易见，它们竭尽全力使两个异性生殖细胞融合为一体。倘若融合失败，它们将与多细胞有机体内的其他物质同归于寂。性的功能只有通过这种融合，才能让细胞的生命得以延续，从而使它至少在形式上是永生的。然而，在有性繁殖中不停地重复产生的有机体的演变历史中，或在它们的远祖——两个单细胞生物的融合中，关键点究竟在哪里？对此，我们也难以作答。假若说我们的整个研究结论被事实所否定，我们将会备感欣慰。在这种情况下，自我本能（死本能）与性本能（生本能）的那种对峙关系就不会出现；强迫重复原则所具有的那种重要性也将不复存在。

下面回过头来讨论下我们以前提出的一个假设，但愿我们能够明确地推翻它。从这个假想——一切生物之死亡皆来自于内因——中，我们得出大量意义非凡、影响深远的结论。由于这个假设在我们思想中已经成为一个事实，所以我们不假思索地提出了这个假设。更何况还有诗人们的名篇在推波助澜。我们之所以如此，或许是由于这样会带来某些安慰。如若我们的生命终有尽头，由此我们将失去最爱之人，那么，遵循某个冷酷的必然法则并臣服于其权威性之下，要好过屈服于那些天意难测的偶然灾祸。这种对死亡的必然内因性的坚信不疑的行为，或许只是我们"为承受生命之重压"而自欺欺人的众多手段中的一种而已。这个信念绝非来自远古。原始人是没有"自然死亡"这个概念的。在他们看来，他们身边出现的死亡是由于某个敌人或魔鬼作祟。所以我们既然要判断这个信念的真伪，就必须借助生物学之力。

若是从生物学的角度来看，我们将会出乎意料地发现，生物学家们对自然死亡的看法有很大的分歧。同时，我们还将发现，他们实际上是将死亡的概念彻底融化了。至少在高等动物界中，稳定的平均寿命是存在的，这就为证实自然死亡的存在提供了帮助。然而，某些大型动物或巨型木本植物的所具有的至今仍无法计算的古老年龄却有力地推翻了上述假设。根据威廉·弗利斯（Wilhelm Fliess）（1906年）提出的广义观念，生命体为人所知的一切生命活动（包括死亡）都与某些特定时期有着密切关联。这种特定时期所揭示的是两种生物（雄性和雌性）对太阳年的依赖性。但当我们观察到外界环境对生命活动的周期具有如此强大、普遍的影响力——导致某些现象提前或推迟出现的时候，我们就会怀疑弗利斯定理的可靠性，至少会对它作为决定因素的唯一性产生怀疑。

在魏斯曼^①（Weismann）的论著中，最让我们感兴趣的是关于有机体的寿命和死亡的论述部分。他首次将生命体划分为必死与不死两个部分。前者代表着狭义上的肉体，即"体质"，它必然走向自然死亡。而生殖细胞则在内部获得永生。这是因为在有利的环境下，它们能够成长为一个全新的个体，也就是说，它们能用一个新的体质把

---

①魏斯曼（1834~1914），德国生物学家.新达尔文学说的建立者。主要著作有《种质论》和《进化论演讲集》等。魏斯曼的主要成就是通过对蝇类的进化、水蚤的生殖行为以及切断鼠尾对遗传的影响等方面进行的系统研究,建立了种质连续学说.简称"种质论"。这一学说认为:生物体由专司生殖机能的"种质"和专司其他机能的"体质"所组成:"种质"是一种特殊的遗传物质,是通过生殖细胞世代相传的基因总和;而"体质"则由"种质"分化而来,随着个体的死亡而消失。

自己包裹起来。

此处让我们惊讶不已，因为这个观点与我们的观点有着某种出乎意料的共通之处，不同的是，魏斯曼是以另一种迥然不同的思路——形态学的角度来探究的。他观察到，体质的那部分，即不包括遗传物质的那部分肉体，必然会走向死亡；而另一部分则相反，也就是说它是种质。生命体的生存、繁衍是与它密切相关的。而我们的研究对象，却不是有机体，而是影响有机体的作用力。由此，我们得以对两种本能加以区分：一种是导向死亡的本能；另一种是延续生命的性本能。乍一看，这个观点似乎是魏斯曼形态学理论在动力学上必然会出现的结论。

但是，当我们得知魏斯曼对死亡问题的看法时，以上这种相似性也就不复存在了。他的这种必死的体质和不死的种质的划分只适用于多细胞生物，因为对于单细胞生物而言，个体的细胞就是生殖细胞。因此，他认为只有多细胞生物才会死亡，而单细胞生物是内在永生的。像这种高级有机体的死亡，确实是一种自然死亡，是由内因造成的。但这种死亡与生物特征并没有联系，同时，也不能将它当作是生命本质属性的必然、绝对的体现。我们不如说死亡是有利于适应外部环境的。因为，一旦个体的细胞分化为体质和种质，就意味着该个体的寿命的延长成为一种没有意义的浪费。当多细胞生物出现这种分化后，死亡也就成为可能，并且是有利的。此后，在某个固定时刻，较高级的有机体的体质就会死去，而单细胞的有机体则永久存在。另一方面，生殖现象其实并非出现在死亡现象发生之后，而是有机生命体的一种本质属性，就如同（产生它的）生长现象那样。从诞生之初起，生命就一直在地球上生生不息。

很快我们就会发现，我们并不能从这种论述较高级有机体存在自然死亡的方法中获得任何帮助。因为，假如说在有机体最初的形态阶段并不存在死亡，它是后来才出现的，那么死本能就不可能存在于生命诞生之初了。多细胞生物的确有可能死于内因，会死于畸形的分化亦或是新陈代谢上的功能障碍。但对于我们持有的观点的来说，这一点可有可无。并且，这种对死亡起源的解释方法，远比我们提出的"死本能"的见解更符合人们的思维习惯。

魏斯曼的观点引发的探讨，我认为在各个方面都未能得出相关定论。①有一些作者重拾戈特（Goette）于1883年的观点。死亡在他眼中是生殖的直接结果。哈特曼（在他1906年所著作品的第29页）并不以一个"死去的肉体"（也就是有机体中死去的那部分）为死亡的标志，相反，他将死亡定义为"个体发展的终结"。因此，原生动物②也必然会走向死亡。原生动物的死亡与生殖是同时进行的，只不过被后者混淆了而已，这是因为，前代原生动物的全部物质能够毫无

①请参阅哈特曼1906年、利普许茨1914年和多弗莱因1919年的相关论述。——作者原注
②原生动物：动物界最原始、最低等的一类群。大多数由单细胞构成(也有单细胞集聚成群体的),故称单细胞动物。

保留地传给下一代。

　　不久之后，人们就将单细胞有机体的实验作为研究方向，以此来验证有机体的永生性。美国生物学家伍德拉夫以一条纤毛虫进行实验。纤毛虫属于游动微生物，它以分裂为两个个体的方式进行繁殖。伍德拉夫的纤毛虫实验持续至第三千零二十九代（此时他停止了实验）。在实验中，每代分裂所产生的新个体被他提取出来，单独置于清水之中，那个初代的原生动物同它的原始祖先一样生机勃勃，毫无衰退的迹象。所以，假如说此类现象能够充当论据的话，那么单细胞生物的永生性似乎可以从实验中得到验证。[①]

　　可是，另一些实验的结果却与此截然不同。莫帕（Maupas）、卡尔金斯（Calkins）以及其他一些人的实验出现了与伍德拉夫的完全相反的结果。他们注意到，这些纤毛虫会在一定次数的分裂置换后出现弱化、萎缩的迹象，并因某些组织的死亡而衰竭，最终死亡。这就表明原生动物同样会像较高级有机体那样在经历衰竭之后走向死亡。这样一来，就与魏斯曼提出的"死亡现象是有机生命体后来才出现的"的观点产生了不可调和的本质矛盾。

　　我们归纳了以上的实验结果，由此得出了两个似乎能帮助我们站稳脚跟的结论。

　　第一个结论是：一旦两个微生物在未衰竭之前实现了合体，即

_____

　　①请参阅利普许茨（于1914年所发表的文章中的第26页和52页以后）的内容。——作者原注

相互"融合"（之后立刻再次一分为二），那么它们将避免衰老，并"重获新生"。毋庸置疑，融合是有性繁殖的起源，但此时它与繁殖还毫无关系，不过是两个个体之间的物质合并（魏斯曼称之为"两性兼并"）罢了。这种融合所起到的挽救作用，可以用别的方法来替代。例如，使用某些刺激物质，改变营养液的组成成分，将他们加热或晃动它们。我们仍然记得J·洛布（J.Loeb）的实验。他通过一些刺激性的化学物质，使海胆蛋体内出现了细胞分裂——通常只有在受精以后才会出现这种现象。

第二个结论是：纤毛虫可能依旧不能摆脱自然死亡，这是它生命历程的必然环节。因为伍德拉夫的实验结果之所以会和别的研究者大相径庭，是由于他为每一代的纤毛虫都更换了新鲜的营养液。若非如此，那种为其他人所见的衰竭现象也同样会出现在他的实验中。他由此推断，微生物新陈代谢所产生的废物排泄到周围营养液中，从而对自身造成了伤害。由此他得出以下结论：只有微生物自身的新陈代谢废物才是它们致命的威胁。因为，同种微生物群居在自己的营养液中必定死亡，但在与它们完全不同的生物的排泄物已经达到饱和的营养液中，它们却能很好地繁衍生存。所以说，如果让一条小纤毛虫独自存活在营养液中，那么它难以彻底清除的新陈代谢废物将会导致其自然死亡（或许这也是所有高等动物死亡的根本原因）。

走到这一步，我们很容易出现这样的疑惑：为了揭开自然死亡之谜，我们进行了对原生动物的研究。那么我们从中有何收获呢？原生动物体内的一些关键变化或许是我们无法观察到的。虽说这种变化确实存在于原生动物中，但只有当它们出现在高等动物体内时才能为我们所见，因为只有这样它们才能获得形态学的显现方式。如果我们代之以动力学的方法，也就不用在乎是否能发现原生动物的自然死亡现象了。在原生动物中，后来为人所知的那部分不死物质还并未与必死的那部分分离，而死本能或许在最初就发挥作用了，只不过这种作用似乎被生本能掩盖了，导致我们难以找到其存在的直接证据。而且据我们所知，生物学家们的观察结果表明：在单细胞生物中必定存在着这种导向死亡的内因。即使最终证明单细胞生物从魏斯曼的角度上来看是永生的，魏斯曼提出的"死亡是后来出现的"这一观点也只能用于解释可观察到的死亡现象，而无法推翻生命体趋向于死亡这一假设。

如此一来，我们寄希望于生物学对死本能的直接否定的愿望终究还是破灭了。假如我们仍然有着探究死本能存在的可能性的渴求，我们完全可以再接再厉。魏斯曼划分出体质和种质，而我们则将生本能与死本能区分开来，这两种理论仍然有着不可思议的相似性，且依旧至关重要。

我们先放下对这个出类拔萃的生命本能二元论的探讨，将目光转向赫林（E.Hering）的理论。这个理论认为，在生物体中自始至终都有着两种作用过程。它们的作用是反向相对的：一个是生产性的或同化的过程，另一个则是毁灭性的或异化的过程。我们是不是可以说，我们从中看到了我们的两种本能冲动——生本能和死本能在发挥作用？无论如何，其他的某些东西总是存在的，对此我们应当有所了解。我们自己并未察觉到，我们已经踏入了叔本华的哲学领地。在他眼中，死亡是"生命的理所应当的结局，并由此可说是生命的终极诉求"，[①]而性本能则是生存需求的表现。

让我们试着再往前一步。人们通常认为，多个细胞集合体构成一个生命体是有机生命体的多细胞特征，通过这种方法可以延长细胞的生命。细胞之间相互保存着对方的生命，即使某个细胞死亡，这个集合体仍旧能存活下去。我们已经知道，融合，即两个单细胞有机体的临时结合，有助于它们免疫衰老和恢复生机。因此，这种关系或许可以用精神分析中的力比多理论来加以阐释。假设，遍布每个细胞中的活跃的生本能或性本能以别的细胞作为作用对象，它们在这些细胞中能够削弱死本能（也就是它所引发的过程）的影响力，由此细胞得以存活。而另一些细胞也是以同样的方式来对待它们的。除此之外，还有一些细胞以帮助力比多发挥作用的牺牲品的形式存在。生殖细胞的活动则呈现出"自恋"的状态——这是我们在神经症学说中的常用词，它形容的是一个完整的人：力比多保存在他的自我中，而决不会浪费在对象性贯注中。生殖细胞要求拥有自己的力比多，即要求有自己的生本能的活动来作为存储潜能，以用于今后的规模巨大的生产性活动（据此，那些有损机体的恶性肿瘤细胞也能被看作是自恋性的。

---

①请参阅许布舍尔所编的《叔本华全集》。——作者原注

病理学试图将这种瘤细胞的胚芽当作内部的，并以胚胎学的角度来研究它们）。从这个方面来看，我们所说的性本能的力比多也就是诗人和哲学家笔下的使普天下所有生命结合的爱的本能。

那么，我们借此来回顾一下力比多理论的缓慢发展之路。在最初的移情性神经症研究中，我们发现，对象性的性本能与那些我们由于陌生而暂且称为"自我本能"的本能是对立的。作用于个体的自我保存本能在所有这些本能中尤为重要。在当时，对这些本能进行新的分类简直难于登天。作为真正的心理学的基础，能够大体掌握不同本能之间的共性和可能存在的差异性就已经难能可贵了。我们当时是在黑暗中摸索——除心理学外的其他领域也同样如此。每个人都可以随意地宣布"基本的本能"的存在，或毫无依据地断言有多少种本能，并且以这些本能来胡乱构建理论体系，就如同古希腊自然哲学家臆想出土、空气、火和水四种元素来构建他们的哲学体系一样。精神分析必须对本能进行某种设定。最开始时，它以本能的常见分类方法为准则，即以"饥饿和爱"这种典型词汇来加以划分。这种划分至少不是毫无依据的，并且精神神经症的分析工作正是建立在这种划分的基础上才有了很大的突破。实际上，我们需要拓展"性"和性本能的涵义范围，这样才能很好地说明那些不属于生殖范畴的现象。这种做法在一个道貌岸然的虚伪世界中引起了轩然大波。

我们接下来的研究开始于这个时刻：精神分析在艰难的发展中逐步发现了心理学意义上的自我。刚开始时，自我仅仅被认为是一种压抑的、纠察性的、能形成防御壁垒和反向形成的力量。事实上，力比多仅是作用于某一对象的性本能的力量的这种观点，很早就受到了那些见识超群和擅长批判的人们的反对。不过，他们并不能说清自己是如何推理出这个真知灼见的，也没有从中得出有助于精神分析工作的东西。精神分析更加小心翼翼地向前摸索着，它观察到了力比多从对象转移到自我（即内向）的过程中的规律性，并研究了力比多在幼儿的最早时期的发展情况，从而宣布：自我是力比多的真正的贮藏库。只有从这里出发，力比多才能作用到对象身上。据此，在性的对象中，自我得以成为其中一部分，并且立刻就赢得了其中最显赫的地位。像这种贯注于自我的力比多，我们形容它为"自恋性的"。[①]按照字面意思，这种自恋性的力比多毫无疑问也是性本能之力的一种表现方式。自然而然地，人们就将它与那个打一开始就不容置疑的"自我保存的本能"等同起来。如此一来，最初认为在自我本能和性本能之间存在着对立的观点也就不攻自破了。人们观察到，自我本能的其中一部分带有力比多的色彩，而性本能——或许不止这一种本能——是在自我中发挥作用的。但我们仍然可以这样说，那个将自我本能与性本能之间的矛盾冲突看作是精神性神经症的病因的旧观点，在现在仍然是不容置疑的。只不过，我们面临的难题是：按照那时的看法，这两种本能之间的差异是本质上的，而现在，这种差异却应当从形态

---

①请参阅我的《论自恋》中的第1节的内容。——作者原注

学的角度上来看。除此之外，这样一个重要的观点依然适用：精神分析研究的基础方向——移情性神经症，毫无疑问是由自我与力比多贯注的对象之间的冲突引发的。

但是，为了方便我们鼓足勇气将性本能等同于爱的本能，即那个使万物繁衍生生不息的本能，以及将使细胞相互关联的力比多储存作为自我中自恋性力比多的源泉，我们就更加需要把自我保存的本能所表现出的力比多特征作为研究重点。然而，如今又有一个新的问题出现在我们面前。假如说自我保存本能真的具有力比多特征，那么是否所有的本能皆是如此呢？无论如何，我们的确没有发现过不具有力比多特性的本能。这样一来，我们被迫只有承认那些反对者的看法：一直以来，精神分析理论都被他们看作是用性来解释一切现象的学说。或许，我们还将被迫承认像荣格这样的革新人物的见解，他们曾轻率地推断，可以用"力比多"一词来普遍代表本能的力。这种观点难道有错吗？

不管怎样，得出这样一个结论并不是我们的目的。我们的论证以明确的划分为基础，即对自我本能（也就是死本能）与性本能（即生本能）的明确划分。（在某个时期我们曾经准备把自我的自我保存本能纳入死本能的范畴，但之后我们取消了这一错误观点。）我们的观点从诞生之初就是二元论的；而到了现在，对于两种本能的冲突，我们既然将其看作是生本能与死本能之间的对立而不是自我本能与性本能之间的对立，那么我们的二元论观点也就更加明确了。与之相反，荣格的力比多理论是一元论的，他的理论中的唯一的本能的力被他称为"力比多"。虽说这样势必会引起混淆，但除此之外对我们毫无影响。我们猜测在自我中发挥作用的也许并不是自我保存的本能，而是其他的本能。我们本有义务让它们浮出水面，但遗憾的是，自我的研究的缓慢进展使我们举步维艰。或许事实是这样的：自我中带有力比多特征的本能和其他某些未知的自我本能以一种特殊的形式结合为一体。在我们对自恋的问题还一知半解的时候，精神分析学家就已经指出，"自我本能"具有力比多特征。但这几乎毫无可能，就连反对我们的人们也不以为意。真正的困难仍然横亘在那里：那就是精神分析理论至今还难以探明不具有力比多成分的本能的存在。但是，这并不代表我们可以否定这种本能的存在。

由于我们在本能的理论研究中陷入迷雾中，因此，我们决不能错过任何一种有可能带来启发的思想。我们的出发点是，生本能与死本能之间有着强烈的对立性。如今，爱所引发的现象为我们呈现出了第二个两极对立的例子，即爱（或珍爱）与恨（或破坏）。如果这两个端头能被我们焊合起来，并使一极转化为另一极，那该有多好。最初，我们就意识到，性本能中掺杂着施虐的因素。[1]一如我们所知，它有能力保持独立，并通过变态的性行为来主宰一个人的性生活。同

---

①请参阅我在1905年发表的《性学三论》。——作者原注

时，它也能够以一种主要本能属性的方式在"前性器期"中显现出来。然而，让人不解的是，生命的守护者——生本能何以会产生这种以侵害为目的的施虐冲动呢？如果我们假设这种施虐冲动其实是一种死本能，是自恋性的力比多将它从自我中驱赶出来的，以至于它被迫选择出现在与对象的关系中，那么，这个假设真的就不可能成立吗？在这种情况下，施虐的冲动保障了性功能的发挥。在性心理发展的口欲期①中，为了在性方面控制某个对象而采取的行动等同于对该对象的攻击行为，之后，施虐本能被分解出来，直到性器期的主导阶段，它的作用就是征服性对象以进行性行为从而达到繁衍的目的。或许我们应当这样说，被驱散出自我的施虐冲动引导着性本能的力比多锁定了对象。我们会注意到，在施虐冲动并没有在一开始时就被减弱或者联合的性生活中，无一例外地有着为人们所熟知的纠缠不清的爱与恨。

我们必须要找出一个死本能的例子来证明上述假设（即使这里的死本能在本质上已被替换）。但这种思维方式是难以掌握的，并会使人感到神秘。这使我们看上去好像是要千方百计地寻求出路来摆脱绝境。然而，我们回头想想，就会发现这种假设并不是突发奇想。早在此之前，我们在临床研究中就提出过这个假设。在那时，

---

①口欲期：弗洛伊德提出的关于人的性心理发育的第一个时期,大约从出生开始到两岁左右。在这一时期,口唇被作为满足性欲、建立同外界联系的动欲区；口唇的活动,诸如吸吮、咀嚼、咬和吞咽等,都是婴儿性欲得以满足的方式。

我们通过临床研究发现：受虐倾向，即施虐倾向的另一部分，理应被当作一种转移到自我本体的施虐倾向。然而，从对象到自我与从自我到对象的两种本能在原则上毫无差异。后者正是我们目前探讨的问题。受虐倾向——施虐本能朝向自我的转移，是一种本能的倒退现象，它返回到了本能发展历程中的早期阶段。以往人们对受虐现象的看法在某些地方过于粗略，所以有必要稍加更改：可能在早期阶段就存在着一种受虐倾向。这个观点的可能性让当时的我竭尽全力为之争辩。[1]

不过，我们姑且将目光再放回到自我保存的性本能上吧。单细胞生物实验表明，融合，意即合体后立刻分离且不形成细胞分裂的两个个体的结合，将会使细胞生命重获新生[2]。在之后它们的后代中，并没有出现衰退的征兆，而且对自身新陈代谢的废物的免疫能力似乎变得更加持久了。在我看来，这个实验结果同样能够被当作在性的结合中获得新生的典范。但是，这两个几乎毫无差别的细胞在融合后，竟然获得了重获新生的效果，这究竟是为什么呢？以化学的甚至机械的刺激来模拟原生动物融合情境的实验（参见利普许

---

①在扎皮娜·施皮尔赖恩的一篇饶有趣味而意旨深远的文章中，许多观点与这里不谋而合。但我并未通读过此文，这让人感到遗憾。她在文中将性本能中的施虐部分理解为"攻击性的"。斯特克再次试图将力比多概念等同于导向死亡的动力的生物学概念（它由理论推演而出）。也可以参阅兰科的观点。包括本书在内的所有探究都表明，尚未完善的本能理论还需要我们加以澄清。——作者原注

②请参阅前文所引用的利普许茨的观点。——作者原注

茨在1914年的论述），有助于我们对这个问题作出明确的解释。这种重获新生的效果是来自于那些新补充的刺激量。这点与以下假设不谋而合：在个体的生命历程中，内因使有机体的某些化学张力逐渐减弱，于是死亡便降临了。但它一旦与其他不同个体发生融合，这种张力就会得到补充加强。在这个过程中，一种新的要素——可称为"活力势能"，进入有机体并成为维持生命的中流砥柱。这种差异必然不乏合理的解释。在心理活动中，或者说是在正常的神经活动中，其主流倾向是：力图削弱那种由刺激产生的内部张力，或者使其保持平衡，又或者彻底清除它（用巴巴拉·洛的专业语来说就是"重生原则"）。这种倾向在快乐原则中表现出来。这个事实，成为了死本能存在的最直接的证据之一。

即使如此，我们的思考依然受制于这个事实：我们无法将强迫重复（正由于它，我们才会去竭力寻找死本能的存在）解释为性本能的作用。在胚胎的发育过程中，这种重复现象屡见不鲜，两个生殖细胞所进行的有性生殖以及它们的发展历程就是对生命诞生之初的模拟重复。但是，两个细胞的结合才是性活动所追求的那个过程的根本形式。高级生物的某种意义上的永生性只有通过这种结合才能得以实现。

换句话说，我们还得借助于更多的关于有性生殖以及普通的性本能在起源方面的知识。这个棘手的问题极易使一个外行知难而退，但这个难题也是学者们时至今日依旧未能攻克的堡垒。有鉴于此，我们只需从纷乱的各种观点中筛选出与我们思考路线相近的内容，以便综合性地加以陈述。

在这些内容中，有一种观点把生殖现象归入到生命体的生长过程中（可尝试对比分裂生殖、抽条和萌芽生殖），试图以此揭开生殖问题的神秘面纱。可以用从达尔文主义的角度来呈现出一幅有性生殖起源的图景。即在机缘巧合之下意外结合的两个单细胞生物将这种两性融合的优点代代相传并加以改良和拓展。[①]根据这种观点，"性"并非极为古老的现象，而强烈要求生殖结合的偏激的本能只不过为了重复过去那个因为优点而被保存下来的意外事件。

就像之前在面对死亡问题时一样，我们又再一次心生疑惑：我们这种将可观察到的特征归之于这些单细胞生物的做法，真的可靠吗？当我们把那些在高级生物中显现出的力和现象加诸于这些原始的单细胞生物的时候，我们真的是正确的吗？上面出现的在性欲方面的见解对我们的研究毫无用处。也许这个观点会遭到人们的批判：它认为生本能存在于最原始的生命体中，否则，像融合这种有悖常规并敢于反抗死神的现象就应该被扼杀，而不是被继承下来并付诸实践。所以说，我们如若想继续坚持死本能存在这一假设，就必须要断定，在最

---

①虽然说，魏斯曼对此持有否定态度："这种恢复生机和活力的再生并不是真正意义上的受精，同样也不能将它看作延续生命的必然手段，它只不过是将两种不同的遗传倾向糅合在一起而已。"但他还是相信这种这种融合会带来有机体变异性的增强。——作者原注

初时，死本能就是与生本能共同存在并相互关联的。然而我们不得不承认，如果事实如此的话，我们将不得不进行一个含有两个未知数的方程式的艰难求解。

除此之外，科学几乎没有为我们提供任何关于性欲起源的知识。因此，我们可以将目前对此问题的研究比作是一片漆黑的状态，甚至连一丝假设的光也没有。然而，在另一个截然不同的领域中，我们却发现了这样的假设，但它如此不可思议，简直就是一个神话而非科学解释。要不是因为它恰好是我们所迫切需要的，我是绝对没有勇气将它呈现出来的。它认为：本能来自于回归生命原始状态的诉求。

我所要呈现的，就是柏拉图在《会饮篇》中以阿里斯多芬的话来陈述的观点。这个理论除了解释了性本能之起源外，还探讨了性本能与对象的关系的演变史上的关键点。"原始人之本性与今大异。起初，人之性别有三，非惟今日之两性。此三性曰：男、女、男女同体……"这些原始人的每一种器官都是成双的，四只手，四条腿，两张脸，两个生殖器……直到后来，宙斯决定将人类劈为两半，"如分山梨实为二以利剔核。"人类被一分为二之后，"此一半觅另一半，于是乎，交互挥舞臂膀，慕求交合，心仍向往合二为一。"①

---

① 我必须要感谢维也纳的海恩里奇·戈姆佩尔茨教授，因为下面有关柏拉图神话起源问题的讨论，部分引用了他的话。值得一提的是，在印度奥义书中同样出现了类似的见解。我们发现，在婆哩诃陀阿兰若伽奥义书的第1、3、4章中，

这位诗人哲学家所带来的启迪，是否能够使我们大胆推测：生物体在最初被赐予生命的同时也被分解成无数细微的碎片，因此这些碎片此后就一直想通过性本能恢复原状？能否这样认为：在单细胞生物的发展阶段，这些带有来自无生命物质的化学聚合趋向的本能逐渐战胜了来自外部环境的危险刺激（即促使保护层产生的那种刺激）所产生的阻碍它们重新聚合的力量？是否可以说：有机生命的破裂的碎片以重新聚合的形式为多细胞生物的出现开辟了道路？——然而，是时候停下来了。就到此为止吧。

　　不过，我们还得对此进行一些批判性的思辨。某人或许会问，上面的那些假想，我本人是否认可，如果认可，又有多么认可。对此我会这样回答：连我自己都不能完全相信的东西，我当然不会花心思去让别人相信。或者更准确的说法是：我仍然不能确定我对此的相信

有一段话阐述了世界缘起于我的事实：“但是，他并未获得幸福，一个独行者的生活是无幸福可言的。他渴望着另一个人的出现，他那男女同体的身躯是如此多余，于是他将自我分为两半，就出现了丈夫和妻子。所以，雅各那咘库阿说：‘我俩各自代表贝壳的一半’，因而需要另一半来填补缺失的部分。”

　　婆哩诃陀阿兰若伽奥义书是所有奥义书中最古老的一本。根据权威考证，它产生的年代最迟不晚于公元前800年。与当今主流观点不同，我不会武断地否定柏拉图的神话源自（即使是间接地源自）印度的可能性，因为在轮回学说上也有着类似的无可争议的可能性。但就算这种传承关系（即在一开始借由毕达哥拉斯学派传播的那种渊源关系）得以成立，这两种思想之间的同一性依然具有重要意义。因为若不是这个故事蕴含着真理，柏拉图也不会引用这样一个通过某种渠道为他所知的东方神话故事，更不用说对其如此青眼相加。

　　齐格勒在探究前柏拉图时代的这种思想的系统性论文中认为，在柏拉图的神话中的这种思想源自巴比伦。——作者原注

程度。依我所见，信服这种纯粹的情感倾向的产物，是完全没有必要与这个问题扯任何上关系的。一个怀着对科学的单纯好奇心的人，或者，假如读者不反对的话，一个远离魔鬼主宰的批评者，完全可以沉浸在某种思想之旅中，并对由此得出的结论了然于心。我并无意对下述情况有所辩解：在本能理论的研究中，我们进行的第三步并不具备前两步的那种确切性。前两步分别是，对性的涵义范围的扩大以及提出有关自恋的假设。由于这两个创新理论都是建立在临床观察的基础上的，因此，它们错误的可能性决不会大于同等情况下得出的理论。我提出的本能表现出返祖特征的观点是来自于我所观察到的大量强迫重复的现象。但我可能将这些现象所具有意义过分夸大了。并且，要想继续证明一种观点，就必须不断地将实践中观察到的材料同远离实践的纯思辨性的东西融合起来。在理论形成的过程中，这种融合的次数越多，对于这个理论，我们就越觉得漏洞百出。但是，我们不可能指出某个理论的不确切度。一个人要么侥幸地猜中，要么难堪地误入歧途。对此，我的看法是，所谓的"直观"在这里的作用微乎其微。直观，在我的脑海里代表着一种理性的中立姿态。但糟糕的是，一旦涉入本质性的东西的领域，或者科学和生活的领域，人们是无法做到绝对客观的。在这种情况下，那些潜伏在大脑中的根深蒂固的偏见不为所知地主宰着我们思想。我们既然有了如此充分的理由来进行怀疑，那么，我们在批判某种理论时，最好是以一种客观包容的姿态来作出评论。不过话又说回来，这种求诸于己的自审态度并不意味着对那些非主流的观点过分包容。在彻底否定那种从最开始就与观察到的现象相悖的理论的同时，如果我们还能认识到自己的理论的局限性，那就合情合理了。

回头审视我们关于生本能和死本能的探究之路，对于其中那些混沌不明、难以确定的过程，我们没有必要过分在意。像这种过程，归根结底就是一种本能对另一种本能的压制，某种本能从自我转向对象，以及其他诸如此类的现象。由于我们在陈述观点时必须要用到一些科学术语，即比喻性的心理学术语（更准确地说是一种动力心理学术语①），所以才会出现令人困惑的情况。但是，没有这些术语，我们是不可能将这些过程表述出来的，并且在事实上也不可能理解这些过程。如果我们代之以生理学或化学术语，我们或许能够脱离这个模糊不清的困境。实际上，生理学和化学的术语也只是比喻性语言的一部分，只不过它们更加普及、更加简明扼要罢了。

另外，我们不得不明确指出，由于我们只有通过生物学知识才能将问题描述清楚，所以，我们的理论的不确定性陡增。生物学真可谓是一个充满无限可能的领域，我们可以肯定它会为我们带来惊世骇俗的知识，但我们无法预测在几十年后它会怎样回答我们所提的问题。或许它给出的答案会让我们辛苦堆砌的假设大厦轰然倒塌。既然

---

①动力心理学：泛指强调动机和内心理学驱力是人与动物行为的决定因素的心理学研究取向。广义上包括弗洛伊德的精神分析学、麦独孤的策动心理学、勒温的场论、马斯洛的人本主义、费斯廷格的认知失调理论等。

如此，人们肯定会问，为什么我现在仍执著地坚持这个设想。尤其会问，为什么我还要让全世界的人都知道它。我这么做，是因为我不能对这样一个事实视而不见：在我的这种观点中，有许多类比、关联、相互作用值得我们加以探索和研究。①

---

①在此我想补充说明一下我们的一些用词。在此文中，一些词语的词义发生了变化，我们需要加以澄清。起初，我们对"性本能"的认识是同它与性的关系以及生殖的关系相联系的。但由于精神分析法的一些发现，迫使我们将性本能同生殖功能的密切联系加以弱化，不过我们仍继续使用性本能这个名词。由于自恋性力比多理论的出现，以及力比多概念被拓展到个体细胞领域，我们将性本能转化为爱的本能，这种爱的本能促使万物结合。通常情况下我们认为，性本能是构成爱的本能的一部分，它是作用于对象的。我们认为，爱的本能在有机生命诞生之时就发挥着作用，它以"生本能"的形式来抵御着"死本能"，而后者也是产生于无机物进化为有机生命体的那一刻。我们希望通过这种发轫于生命诞生之初的假想对抗来解读生命天书。——作者原注

（以下脚注为作者1921年添加的）"自我本能"这个词汇的概念转变过程极其复杂。最开始时，它代表着除了以对象为目标的性本能以外的所有的本能冲动（我们当时还没有彻底了解这种本能）。并且，我们将自我本能放在了以力比多为外在表现形式的性本能的对立面。随后，对自我的剖析使我们意识到："自我本能"同样有着局部的力比多特性，并且以个体自身的自我为作用目标，因此，这些自恋性的自我保存本能同样属于力比多的性本能的范畴。由此，自我本能对立性本能的状况也就转变为自我本能对立对象本能，它们都具有力比多特性。但一种新出现的对立又将其取而代之，即力比多（自我和对象）本能与非力比多本能的对立。我们推测出这种非力比多本能是存在于自我之中的，事实上它或许会在破坏性的本能中表现出来。我们的观点认为，可以把这种对立看作生本能与死本能的对立。

第七章

　　如果说，回归事物的原始状态的确是本能的普遍趋向，那么我们就无须惊讶于心理活动中大量的超越快乐原则的现象。这样的特性普遍存在与每一种本能之中，它们要求个体重回早期的某个发展阶段。迄今为止，这些本能依然不受快乐原则的影响。但这并不代表它们中的每一种都违背快乐原则。我们依旧需要探究本能的强迫重复特性与快乐原则的主导地位之间的关系。

　　我们早就知道，心理器官最原始、最本质的作用就是把那些刺激着它的本能冲动结合起来，以继发性心理过程取代占主导地位的原发性心理过程，并使活跃的精神力量转化为趋近稳定的（有拓展力）的精神力量，一旦如此，不快乐也就不会被我们觉察到了。不过，这并不意味着我们否定了快乐原则的存在。恰恰相反，这种转化，这种稳定本能冲动的未雨绸缪，是服务于快乐原则的，它是对快乐原则的主导地位的一种确立。

让我们对功能和趋向这两个概念做一个前所未有的明确划分。

按照此法，快乐原则是一种趋向，它辅助心理器官达到彻底告别兴奋状态，或者使兴奋量保持恒定，或者使兴奋量能够维持在最低水平的目的。然而，这几种辅助功能的描述方式孰优孰劣，我们无法判定。但可以肯定的是，这种功能，是为了达到那个一切生命所共同为之奋斗的目标，即回归到无机世界的宁静中。我们都曾经感受过，在那种带来无上快乐的性活动中，那种巨大的快乐感是如何出现在极度亢奋状态戛然而止的时候的。这种结合本能冲动的预备性功能，将为兴奋在释放的快乐中烟消云散奠定基础。

这样就出现了一个疑问：在兴奋过程中，是不是无论兴奋是否受到结合，都能产生出快乐与不快乐的情绪呢？可以肯定的是，未受结合或原发性的过程会产生强烈情绪，无论这种情绪由何引发，都要比受结合或继发性的过程要激烈得多。更何况原发性的过程的出现要先于其他所有过程。在心理活动的最初阶段，只有原发性过程，并且可以肯定地说，若不是快乐原则很早就左右着原发性的过程的话，它是绝不可能在之后的过程中得以确立的。由此可推导出一个非凡的结论：在心理活动的最初时期，追逐快乐的争斗的激烈程度远高于后来，不过在后来更加不受约束，因为这种早期斗争时常遭遇阻碍。之后，快乐原则在各个时期都极大地奠定了自己的主导地位，不过按照规律，它仍然免不了被驯化的命运。总而言之，任何产生快乐和不快乐情绪的事物，一如它们发生在原发性过程中一样，也同样出现在继发性的过程中。

也许我们可换一个全新的角度来开始我们的研究。意识传递给我们的，不仅仅是快乐和不快乐的情绪，还有一种不同寻常的拓展力，这种力同样是快乐与不快乐的情绪。我们竟能从这两种情绪的差异中区分出受结合和为未受结合的心理过程？或者说这种拓展力的情绪受到精力贯注的绝对值或强度的影响，而快乐与不快乐的情绪与精力贯注量的变化率有关？另外，还有一个匪夷所思的事实：我们内部的知觉系统与生本能是有着紧密联系的。生本能阻碍着生命进入宁静状态，同时不停地产生出那种在释放后能够带来快乐的拓展力；而死本能却是潜移默化地发挥作用的。快乐原则仿佛是作为死本能的帮手而存在的。事实上，快乐原则的确是在时刻监控着外部刺激，这些外部刺激被死本能和生本能视为洪水猛兽。但是，由于内部刺激的增强会严重威胁生命存活，因此快乐原则监督的重点还是这些来自内部的刺激。如此一来又衍生出了大量我们目前难以解决的难题，而我们能做的只有耐心等待新的方法或者新的机遇的出现。同时，一旦我们发现自己所走的探究之路难以抵达真理的彼岸，我们应毫不犹疑地放弃此路。唯有古时的教徒，即那些试图以科学替代废弃教义的宗教信徒，才会对思考者改进观点甚至彻底颠覆自己的理论的这种行为大加指责。在面对科学理论的缓慢进展时，下面这句诗歌兴许能为我们带来慰藉：

         不能飞行达之，则应跛行至之，

         圣书早已言明：跛行并非罪孽。

集体心理学与自我的分析

第一章　导论

　　我们深入研究就会发现，个体心理学与社会或集体心理学之间并不像想象中那样泾渭分明。毫无疑问，个体心理学的研究对象是作为个体的人，探究的是个人如何满足自身的欲望。然而，个体心理学是不可能将个体孤立起来的，除非在那种极端罕见的情况下。在个人的心理活动中，每时每刻都受到他人的影响：可能是榜样、对象，也可能是同伙或者竞争者。由此可知，从广义上来说，个体心理学同时亦是社会心理学，这一点是合情合理的。

　　一个人与其父母、兄妹、爱人、医生之间的关系，也就是说精神分析研究范畴内的主要关系，都应该归入社会的范畴。在社会性这方面，我们可以将它们与"自恋性"的过程相比较。后者在本能的满足上是局部甚至完全独立的。这样，自恋的心理活动，即布洛伊莱尔（Bleuler）（1912年）所说的"内向"的心理活动与社会的心理活动之间所存在的差异，也就划归到了个体心理学的范畴。所以，我们不能以它作为个体心理学和社会或集体心理学的划分标志。

个人，被上述与父母、兄妹、爱人、友人以及医生的关系所包围，只有一个人，或者说是一小部分人能对他产生影响。这些人在他的生命中占据着重要地位。不过，这些关系通常不会出现在有关社会或集体心理学的谈论中，人们只是单独地研究下述要点：某个人同时受到了许多人的影响，虽说他们在各个方面都可谓是素不相识，但仍然有一根看不见的线将他们联系起来。由此可知，集体心理学的研究个体是隶属于一个氏族，一个民族，一个阶级，一个行业，一个组织，或一个以某一目标为共同宗旨而形成的团队中的。这种分割大自然的方式，这种将原本相互联系的事物切割分离的方式一旦形成，那么出现在这种非常规的情况下的现象将会被人们很自然地看作是一种单向不可逆的特殊本能，即社会本能（"聚落本能"、"群体本能"）的表现形式，它只有在这种情况下才会出现。然而，我们或许应该勇敢地反驳：数量因素竟然被赋予如此强大的影响力，使其竟能让我们的心理活动中诞生出一个前所未有的、不会出现在其他情况下的本能，这真是匪夷所思。所以，我们只能寄希望于剩下的两种可能。第一种可能是，社会本能或许并不是基本的、不可再分的；第二种可能是：我们或许能在家庭这样的更小的范围内找到社会本能的源头。

集体心理学的研究虽然刚起步，但已是争论不断。研究者面临不计其数的问题，而这些问题甚至至今尚未得以区分。光是对集体形式的分类，以及勾勒出这种形式所带来的心理现象，就得耗费大量的时间来进行观测和说明，并且至今已经有大量的相关文献问世。读者如果考虑到集体心理学的宏大框架，再来看看这本书的狭小的格局，就会明白，此书只是选取了其中几个关键点来作为论题。实际上，只有旨在进行精神分析的深蕴心理学①才将它们作为重点研究对象。

---

①深蕴心理学：亦译"深层心理学"。指弗洛伊德创立的无意识心理学。它不是心理学的分支,而是精神分析学派的研究取向。深蕴心理学认为,人的精神生活包括意识和无意识（注：这里的无意识指的是描述性意义上的无意识，包括前意识与动力学意义上的无意识）两个部分。意识部分并不重要,而占大部分的无意识却蕴藏着种种力量,不仅强而有力,而且成为人类行为背后隐藏的动力,比有意识的心理过程具有更复杂、更奇妙的作用。

第二章　勒邦所描述的集团心理

在展开探讨时，我们不宜先从定义着手，而应当先确定出我们要讨论的现象的范围，再从中筛选出一些具有象征意义的、极其明显的、可作为我们研究的依据的现象。这两个步骤，我们可以引用勒邦的不朽著述《集体心理学》（1895年）中的某些论述来实现。

我们应该将问题简化以利于理解。假如说有这样一门心理学，它研究的课题是个人的气质、他的本能冲动、他的动机和目的，以及他的行为和他与最亲近的人的关系。如果它的这些课题一一完成，这些课题之间的内部关联它亦了然于心，那么此时，它就会蓦然发现，一个新的课题又横亘在前方。这个新的课题就是，它必须要对这个匪夷所思的事实作出解释：在一种特殊状态下，它之前彻底了解的那个人，竟然在思想、感觉、行为上完全不合常理。这种特殊状态意即——他已成为了具备"心理集体"特征的集体中的一员。既然如此，那这个"集体"究竟是什么？为什么它会对心理活动拥有如此决定性的影响力？个人心理活动因它而产生的变化是一种什么性质的变化？

应从理论集体心理学的角度来解释上述的三个问题。而最佳途径就是以第三个问题为起始点。观察个人的心理反应的变化现象能够为集体心理学提供素材，因为人们必须在作出解释之前先讲清楚被解释的对象。

在此我将引用勒邦的观点。据他所说，"一个心理集体最显著的特点就是：不管组成这个集体的个人是谁，不管他们在生活、职业、性格、智力上的差距有多大或多小，既然他们构成了一个集体，就会受到一种集体心理的控制，使他们的感情、思维和行为一反常态。如果不是处于这种个人构成集体的情况下，一些思想和情感是不会萌发的，或者说是不会付诸行动的。这种心理集体是由不同成分构成的暂时结构，这些成分的组合只是暂时的，就如同一些细胞的融合形成了一个崭新的生命一样，这个崭新的存在所具有的特性完全不同于每一个单独的细胞所具有的。"（英译本，1920年，第29页）

在我们陈述勒邦的观点时，也会随时将自己的想法说出来。在此，我们要提出这样的看法：如果说在集体中的这些成员被融合为一体，那么必然有一条纽带将他们联系起来。而集体的特征，或许正好存在于这条纽带之中。不过勒邦并未对此作出答复。他继续探究处在集体之中的个体的变化，并使用一些与我们的深蕴心理学的基本猜想高度吻合的专业用语来描述它：

"集体中的一员与独立的个人之间的巨大差别性很容易证明。但是，造成这种差距的原因则不太容易找到。

无论如何，如果想对这种原因有所了解，就应该先重温近代心理学所确立的一个真理，即无意识的现象不单单是出现在有机体的生命中，还在其思维活动中占据最重要的地位。同无意识相比，意识在心理生活中所占的比重微不足道。即便是最为精细的分析和最富洞察力的眼光，也只能发现很少量的决定其行为的有意识的目的。某种无意识之物引起了我们有意识的行为。这种无意识之物主要来源于遗传并形成于内心，大量传承下来的共性组合为一个种族的天赋。造成我们的行为的，有已知的原因，还有着无数未知的原因，而这些未知的原因背后还有着更多更加未知的原因。在日常生活中，我们的大部分行为都源于那些不为我们所知的隐秘目的。"（同上书，第30页）

在勒邦看来，身在集体中的个人，其特有的后天特征将被清除，这样他们的个性也就消失了。种族的无意识之物浮出水面，共性吞噬了个性。心理的高级结构——其在个人层面上创造出如此丰富的差异性——将土崩瓦解，与此同时，人所共有的无意识基础将出现。

这样，集体中的个人将表现出一种平均的性格。不过，勒邦认为还是有一些新的性格存在的。这种共有性格的产生原因，他认为有三个：

"一是由于，对于身处集体之中的个人而言，那种集体数量优势给予了他一种一往无前的自信，这就使他有了勇气来服从自己的本能，而在他独处时，某些本能原本是会被他抑制住的。在集体中，他放松了对自我的要求，因为在他看来，在一个集体中是不需要承担责任的。于是，一直以来约束着他的责任感就这样被抛弃了。"（同上书，第33页）

对于在集体中所显露出的新性格的重要性，我们不必过分强调。我们只需指出，集体赋予了个人某些条件，使其得以摆脱对自己的无意识本能冲动的压抑。指出了这一点也就足够了。而他由此显露出的那些看似未曾出现过的性格特征，其实就是这种无意识里的本能冲动的外在表现方式而已。**无意识里蛰伏着人心所有的邪恶**。在这种情况下，道德和责任感的丧失是很容易理解的。一直以来我们都将"社会性焦虑"看作是道德的本来面目。①

"二是由于传染性影响。这种影响左右着人们在集体中表现出来的特殊性格，以及他们选择的趋势。对于传染性影响，要证明它的存

① 勒邦的观点与我们存在着分歧，在无意识的概念这一点上精神分析并非完全与其保持一致。他的无意识概念重点包括潜藏最深的种族内心的特征，而这已经超出了精神分析的范畴。我们的确看出，自我的核心，即人类内心的"先祖遗传之物"的东西，是无意识的东西。但除此之外，我们还从中划分出了"被压抑的无意识"，它就是来自于这种遗传之物。在勒邦的观点里是不存在这种被压抑的概念的。——作者原注

在是很容易的，但却很难解释清楚它。它必然属于催眠一类的现象，对它的这种催眠特征我们很快就会单独加以探究。在一个集体中，所有的行为和感情都富有传染性，它甚至能让一个人甘于献出生命来捍卫集体的利益。他的天性与这种趋向毫无契合点，若非身处集体中，他绝不可能这样做。"（同上书，33页）

稍后我们将会就后一种观点作出一个重要推论。

"第三个原因的重要性远远超过前两者，它使个人在集体和独处这两种状态下所显现出的性格特征有时截然相反。它就是暗示默化性。之前所说的传染性影响只不过是它的一种结果。

只有牢记生理学上的一些新发现，才能把握这种现象。如今我们已经了解到，通过各种渠道可以彻底消除掉一个人的有意识的个性，让他对磨灭他的个性的幕后后手的一切暗示俯首帖耳，并且所作所为完全与独处时的自己判若两人。根据最可靠的研究，似乎个人在集体中生活了一段时间后，就会很快地发现自己进入了一种反常的状态中，这种情况或许是来自于集体所施加的磁力性的作用力，或许是另有原因。这很像被催眠的人觉察出自己处于被催眠师掌控的'被动'状态……彻底失去了有意识的个性，连意志和判断能力也没了。全部的情感和思维都听命于催眠师。

个人处于心理集体中时的状态与此大同小异。对于自身的行为，他丝毫不能察觉，就像一个被催眠的人那样：他在某些方面的能力受到削弱的同时，另一些方面的能力却可能突飞猛进。通过一些暗示，就能使他产生难以抑制的冲动去执行一些任务。相比之下，处于集体中的个人的这种冲动甚至更为强烈，这是因为，集体中所有人都受到同样的暗示作用，这样一来，他们之间的相互影响使这种暗示作用显著增强。"（同上书，第34页）

"由此我们可以看出，有意识的人格的消弭，无意识的人格的占据上风，感情和思维在暗示和传染性作用的操纵下的渐趋统一，将自身受到的暗示观念付诸行动的趋向，像这样表现出来的各种特征，就是处于集体之中的个人的显著特征。他不再是自己的主宰，而是沦为了唯命是从的机器人。"（同上书，第35页）

我如此巨细无遗地引用勒邦的观点，就是为了明确地指出一点：勒邦的目的并不是为了简单地将个人处在集体中的状态与处在催眠中的状态相比较，而是为了证明两者是同一种状态。对此我们不欲反驳，只求能够对下述情况加以强调：以上引用的勒邦的观点明显表明，集体中个体的共有性格的产生的后两个原因（即传染性影响和暗示默化性）并未处在并列的同一级别上，因为从本质上来说传染是暗示默化性的一种显现方式。而且在勒邦的话中，我们也发现这两者所引发的状态几乎相同。或许我们应当这样来准确地阐释他的观点——也就是将传染性影响与集体中的成员之间的相互影响联系起来，而将被勒邦看作催眠的那种暗示默化现象归结为别的原因。那么，这个原因又是什么呢？我们发现，在诸如此类的对比中，有一个重要角色他自始至终都没有提到过，即那个集体中的"催眠师"。这个缺失使我们感到诧异。即便如此，勒邦毕竟还是将仍未明确定义的"着魔"影响同个体互相引发的、增强暗示的传染作用明确地划清了界限。

但是，此处尚有另一种举足轻重的思想可以帮助我们了解集体中的个人所处的状态："当一个人成为集体的一员，他在文明程度上的梯级就会往下降低。在离群索居时，他或许会具备良好的素质，但当他处在一群人中时，他却变成了一个原始人，一个随心所欲的人。他被赋予了原始人的一切天性，如桀骜不驯、暴戾恣睢、凶狠残忍，以及激情四溢和任侠尚义。"（同上书，第36页）在这里，勒邦极为细致地刻画了一个处于集体中的人的智力减退的状态。[1]

现在，我们姑且将个人的问题放在一边，来了解了解集团心理。勒邦对此作了归纳总结。对于这种集团心理，一个精神分析学家可以轻而易举地得出它的任一特征并推测出其来源。通过指出集团心理与原始人和儿童的心理的共同点，勒邦为我们展示了这种推论方式。（同上书，第40页）

一个集体是浮躁的、不稳定的和易怒的。它基本上被无意识彻底主宰。[2]一个集体所具有的冲动乃是由具体情况决定的，有时是慷慨的，有时是凶残的，有时是英勇果敢的，有时则是怯懦的。然而，无

---

[1]席勒曾说，"当人们独处的时候，尚有些机智；当他们聚在一起，就变得愚蠢可笑。"——作者原注

[2]"无意识"这个词汇在这里不仅仅是"被压抑"的含义，它是勒邦在描述性的意义上所正确使用的。——作者原注

论如何，它都是专制的，不容许任何个人的利益的存在，甚至连生命的自我保存的利益也无容身之地（同上书，第41页）。在一个集体中，所有行动都并非早有预谋，虽说它会热血沸腾地追逐一些目标，但却不能持之以恒，因为在它身上并不具有坚忍不拔的品格。对于追求的东西，它要求立刻得到，绝不容许片刻耽误。它给人一种全知全能的幻觉，在集体中的个人的心中，没有什么是不可能的。[①]

　　一个集体是极为盲目、极易受影响的。它毫无批判能力，对它来说一切都是肯定的。它的思考完全是凭空想象，通过联想，这些想当然的东西络绎不绝地涌现出来（就像是个人在自由想象时所处的状态），并且从未使用过理性的目光来审视理想与现实之间的一致性。一个集体的情感是极为纯粹的、极为浓厚的。所以说，一个集体中并不存在怀疑，也不存在不可靠[②]。

　　在集体中，极端情况往往直接形成：假如对某事心存一丝疑惑，那么这种疑惑就会迅速升级为不容辩解的肯定；如果有些许的猜忌，

---

　　①请参考我的《图腾与禁忌》（1912年—1913年）中的三篇论文。——作者原注

　　②在对梦的解析中，我们获得了最为全面的关于无意识心理活动的知识。在这个过程中，我们遵守着一条技术性原则：无视那些在描述梦境时出现的怀疑和不确定的东西，而将出现在显梦中的一切都当作不容置疑的。我们把怀疑和不确定的东西理解为是梦的稽查作用的结果。这种无意识压抑力量控制着梦的过程。在我们看来，原始性的梦的思维是不含有这些怀疑、不确定以及批判性的因素的。梦中的思维，就如同其他东西一样，以白天残留的印记的形态进入到梦中。——作者原注

那么这种猜忌就会立刻变为强烈的厌恶。（同上书，第56页）①

虽说一个集体极易自发地走向极端，但只有过度的刺激才能激发它的冲动。无论是谁，如果打算影响一个集体，只需要夸大其词、不断重复就可以了，根本不用考虑自己的观点是否符合逻辑。

这是由于不管是真理还是谬论，一个集体对此并不在意。并且，它又了解到自己所拥有的强大力量，所以它一方面对权威俯首帖耳，另一方面却又极为狭隘偏执，毫无包容性。它崇尚暴力，冷酷无情，视仁慈为怯懦的代名词。它要求它的英雄必须具有坚毅，甚至是残暴的性格。它渴望被统治、受奴役，并要求自己将首领视若神明。从本质上来说，它是彻头彻尾的保守主义，对于一切新事物和创新进步它都深恶痛绝，对于旧的传统，它却奉若圭臬，心向往之。（同上书，第62页）

为了准确地定义集体的特性，我们必须要将下述事实考虑进来：当个人汇聚到集体中时，加诸于个人身上的抑制作用就日趋消弭了，那些从茹毛饮血的时代残留下来并蛰伏起来的凶残的、兽性的和攻击性的本能被释放出来，随心所欲地去寻求满足。但是，集体在暗示的

---

①在儿童的感情活动中，这种对每一种情感无限夸大的现象也十分明显。并且，同样的情况也出现在梦中。在无意识中，情感被独立地分割出来，导致了在白天微不足道的怒气在梦中升级为渴望冒犯者死去的欲望。或者，在白天所感受到一丁点诱惑，在梦中便形成了一段详细的犯罪过程。对此，汉斯·萨克斯说过一段恰如其分的话，"对于那些梦中所出现的情况，如果我们企图在意识中寻找相应的现实（真实）的状态，那么对于以下发现我们不必感到诧异：我们原本在放大的剖析镜片下看到的巨型怪物其实不过是一只小小的纤毛虫罢了。"——作者原注

作用下，也能以自制的、忘我的以及献身于某种理想的形式来创造辉煌。当一个人离群索居时，自我的利益就几乎成为一切的中心；而当他处于集体中时，这种个人利益根本微不足道。我们可以这样说，个人所具备的道德准则是在集体中形成的。（同上书，第65页）一个集体的智力必然低于个体的智力；另一方面，一个集体的道德水平却既有可能远高于个人也有可能远低于个人。

勒邦还阐述了集体的其他一些特征，它们明确地显示出，我们有足够的理由来相信集体的心理与原始人的心理之间的统一性。在集体中，势如水火的两种思想可以共存，它们在逻辑方面的矛盾不会带来任何分歧。然而，精神分析学说早就指出，在个人、儿童以及神经症患者的无意识心理活动中同样有此类情况发生。[①]

---

① 比如，在年幼的儿童身上，对最亲近的人的矛盾的情感之间的平行共存状态可以持续很长一段时间，这两种矛盾的情感互不侵犯。一旦它们之间最终发生了冲突，儿童的应变方法一般是寻找替代者从而让情感得以转移。一个成年的神经症患者的病史同样表明，一种受到压抑的感情极有可能长时间存在于无意识的、甚至是有意识的想象中，而它所包含的东西必然是与占主要地位的趋向相矛盾。但自我并不会因为这种矛盾而禁止它所否定的这个东西的任何活动。这种想象能够长时间存在，直到有一天，它突然与自我发生了冲突——往往是由于在这种想象情感方面的精力贯注增强了——伴随而来的是我们所常见的那种结果。在儿童长大成人的过程中，他的个性愈发得以统一，同时他所具有的那些原本各自独立发展成型的单独的本能冲动和愿望倾向也得到了系统化的统一。我们很早就得知，在性生活方面的一个与此类似的过程就是：诸般性本能有机结合为一个完备的生殖系统。更何况，无数为人熟知的事例表明，在自我的统一过程中，同样会出现类似于力比多的那种冲突。比方说那些从事科学研究的人们同时却对圣经保持着信仰这样一些司空见惯的现象。——作者原注

再者，一个集体还会被语言的魔力所控制。这些言辞能给集体的心理带来强烈的震撼和悸动，同时亦能使其偃旗息鼓。（同上书，第117页）。"理性和逻辑思辨成为一些辞藻和口号的手下败将。在万众瞩目的时候它们被庄严地朗诵出来，一听到这些，人们脸上就露出无比景仰的神情，接下来就是毕恭毕敬、奉若神明。有很多人将它们看作是天地之威或者超越造化的能量。"（同上书，第117页）在此，我们只需对原始人的名称禁忌和他们赋予名称和词语的那种力量稍加回忆，就能明白了。

最后，真理从来不是集体的追求目标，它们需要的是幻觉，并且它们的存在是以幻觉为基础的。它们一贯坚信，虚假优于真实，两者对它们的影响几乎一模一样。显而易见，它们倾向于真假不分。（同上书，第77页）

我们已经论证过，由于欲望未能得到满足而产生的幻觉在生活中的主导地位，是神经症心理学中具有决定作用的因素。同时，我们还观察到，操控神经症患者的是心理世界的事实而不是客观事实。癔症所表现出的症状是以幻想为基础，而不是重复现实经历。强迫性神经症中的负罪感，是以某种幻想中的罪恶行为为基础的。一个集体的心理活动，的确与处在睡梦中和催眠状态下很相似，在情感性精力贯注的冲动的不可抗拒的力量面前，对真理的追求也就烟消云散了。

对于集体中的首领，勒邦并未像对待上述问题那样进行细致入微的描述。在他的论述中，我们难以发现一个明确的基本原则。在他看来，不管是人还是动物，一旦聚集起来形成一个群体，都会出于本能地使自己身处某个首领的统治之下（同上书，第134页）。一个集体就是一群温顺的动物，它们生存的前提是统治者的存在。它们是如此渴望顺从，以至于竟会发至内心地要求接受任何一个以集体首领自居的人的统治而毫无怨言。

虽说这种对首领的渴慕已经为某个首领的横空出世奠定了基础，但这个首领还必须使自己的能力足以驾驭这个集体。要想唤醒这个集体的信仰，他自身就必须狂热地陷入对某种信仰（或者某种价值观）的盲目崇拜中。而要使自己的意志成为这个无意志的集体的意志，他必须具有某种坚忍不拔、足以服众的意志。接下来，勒邦继续探讨了各式各样的首领人物以及他们煽动集体的伎俩。从总体上来看，他坚信，首领人物是利用自己疯狂且盲目地崇拜的信仰来使自己为人所知的。

并且在勒邦看来，诸如此类的观点以及这些首领人物都有着一种难以阻挡的神秘力量，他将其名为："威信"。威信来自于某个人、某篇文章或者某种见解的刻意神化，从而使它得以奴役我们。在它的影响下，我们完全失去了独立思考的能力，并满怀惊叹和崇敬之情，类似于在催眠时陷入的"着魔"状态（同上书，第148页）。他将威信分为两种类型，其一是获取的或者刻意营造的威信；其二是先天的人格上的威信。前一种威信只有通过荣誉、金钱以及名望才能获取。某种观念以及某个艺术作品要想获得这种威信，则需要仰赖过去。这种威信无论在什么时候都要求回溯过往，所以它并不能帮助我们理解那种捉摸不透的影响。只有少数人才具备人格上的威信，这些人借此确立首领地位。他们所具备的那种人格上的威信让所有人臣服，就如同对他们施加了吸引力的魔法一样。不过，不管是哪一种威信，都是建立在成功的基础上的，一旦失败，威信就会土崩瓦解。（同上书，第159页）。

我们从勒邦的论述中可以看出，他似乎并未能将首领人物的影响和威信的重要性很好地融入到他对集体心理的杰出论述中。

第三章　其他人关于集体心理活动的论述

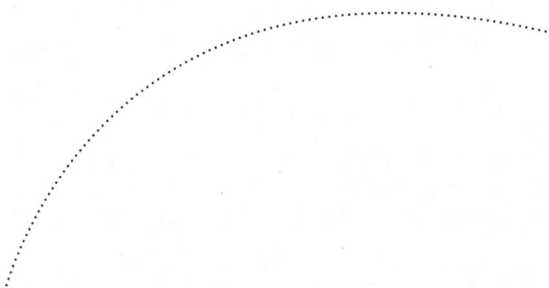

由于在勒邦的观点中，无意识的心理活动占据了关键位置，这与我们的心理学观点不谋而合，因此，我们在前面通过引用的方式来大体描述了他的这种观点。但现在有一点需要我们补充说明：勒邦的观点事实上并无新意。早在他之前，人们就已经用同样轻蔑的话来毫不友善地批评过集体心理的各种状态。在我们最早的文献中，一些思想家、政治家以及著作家的也重复过同样的贬损。①勒邦的论述中最核心的两个观点，即那种在集体中智力消退而情感日盛的看法，西盖

---

① 参见克拉斯科维克1915年的著作。——作者原注

勒[①]在不久以前已经系统性地论述过了。事实上，除此之外的那些被他视为自己独创的观点，就是对无意识的理解以及倡导与原始人的心理活动相比较。然而，即便是这些观点，在勒邦之前也时常被人隐约提到。

但需要指出的是，勒邦和其他人对集体心理的论述和判定也并不是完全没有争议的。毫无疑问我们之前所描述的集体心理的表现来自于准确的观察，但我们仍然能够从中发现集体的另外一些表现，它们的影响正好相反，按照这种影响，对集体心理的评价应当有所提高。

甚至勒邦曾经也想承认：在某些特定的境况下，一个集体的道德要高过组成它的个体的道德；并且只有在集体中，大公无私和忘我献身的精神才能够出现。"当一个人离群索居时，自我的利益就几乎成为一切的中心；而当他处于集体中时，这种个人利益根本微不足道。"（勒邦，英译本，1920年，第65页）其他的人也在他们的书中指出：只有社会才能为个人行为制定出道德规范；而在通常情况下，个人往往无法以某种形式来符合社会的最高标准。同时，他们还提到，在某些特定的时刻，一些集体可能会迸发出狂热的激情，并创造出无比辉煌的事业。

至于智力方面，我们不得不承认，只有当一个人避世隐居、静心思索时，他才能在思想领域有所建树，才能获取伟大的发现，才能

---

①参见莫德1915年的著作。——作者原注

破解困扰世人难题。即便如此，集体心理在智力上还是有着创造天赋的。语言就很好地说明了这一点，除此之外，这种天赋在民歌以及民间传说等创作品身上也能体现出来。至于说集体对处于其中的个别思想家或者作家究竟会有多大的影响力，以及除了加工润色一个受着他人影响的精神作品以外还能有何作为，我们尚且毫无头绪。

　　集体心理的这两种相反的表现，似乎注定了集体心理学的研究难以取得成功。不过要摆脱这种自相矛盾的境况也不算难。我们必须从中区分出那些在构造上极为特殊的集体类型。在西盖勒、勒邦以及其他一些人的论述中，集体只是一些由于某些短暂利益而联合起来的人们所构成的短时间的集体。那些革命组织的特征对他们的观点影响颇深，特别是**法兰西大革命**集体。而与他们的观点相矛盾的见解则是来自于对长期性的牢固集体或者团体的论述。从出生到死亡，人们都处在这种集体中，而这种集体是以公共机构的形式存在的。如果将前一种集体与后一种集体作对比，那么前者就像海面上翻滚的惊涛骇浪，而后者则像海底突起的小山。

　　麦克杜格尔所著的《集团心理》正是以这种矛盾为起点来展开论述的。他所采用的解决方案是突出组织因素的重要性。他认为，这种集体在最简单的结构下毫无组织性，或者说是没有一样能称之为组织的东西。这种集体被他称作"人群"。但他不得不说，无论如何，一个人群如果毫无组织的形状，那就不可能出现聚集在一起的情况。同时，在这种简单结构的集体中，我们可以观察到一些最为原始、最为基础的集体心理现象（麦克杜格尔，1920年，第22页）。分散的成员要组成一个心理学意义上的集体，前提条件是：有一种共同的东西存在于他们之间，比如说共同的爱好、在某种境况下相同的好恶，以及（我希望能够替换为："导致了"）"一定程度上的相互作用"（同上书，第23页）。这种"精神契合性"的程度越高，集体的形成就越水到渠成，同时集团心理的特点也就更加显而易见。

一个集体的形成，最显著、最关键性的效果就是集体中每一个个体"变得思想狂热且情绪高涨"（同上书，第24页）。麦克杜格尔认为，只有在集体中人们的情绪才会高涨到几乎是前所未有的状态。人们喜欢听任情感指挥，并以最终丧失自我的限制感从而彻底埋没在集体中为乐。麦克杜格尔利用情绪的直接性感染原则来阐释这种使个人具备如此强烈的趋向的现象，这个直接性感染原则是通过情感的原始交叉影响，也就是为我们熟知的情绪感染来发挥作用的。（同上书，第25页）。实际上，对某些情绪进行感知的主体极有可能自发地获得同样的情绪。具有这种共同情感的主体越多，这种自发的强迫现象就越猖獗。个人在同样的情绪中沦陷，独立的思考能力消亡殆尽。并且，那些曾经给予过他这种情感的人会因为他而变得更加狂热。如此一来，这种在人们之间的交叉感染就造成了个人的情感负担剧增，像这样被迫去做与别人同样的事、去融入大众的情况，归根结底是某种本质的东西在作祟。一种情感趋向越是狂野质朴，它就越容易在集体中以此方式传播。（同上书，第39页）。

在集体中出现的一些其他影响也有助于这种情绪的加强。对个人来说，集体是一种不可阻挡的强大的威胁。人类社会被集体临时代替了，人类社会是权威的执行官，人们对它的惩罚心有余悸，因此才会时刻控制自己。对他来说，将自己放在集体的对立面是一件极为危险的事，融入大众哪怕是与野兽为伍才是最佳的方法。他过往的"道德"可能会在新依附的最高准则下消失，此时的他完全耽于这种从压抑中解放出来的狂欢。正因为如此，一个处于集体中的个人会赞许或者做出他在日常生活中力求规避的事情，这并不算是很令人吃惊；由此，我们甚至可以展望一下对"暗示"这个神秘莫测的词汇进行一些解读，以便能够澄清它令我们感到混乱模糊的地方。

对于智力在集体中受到抑制这一观点，麦克杜格尔是赞同的。（同上书，第41页）。他认为，智力较高的人会被拉低到与智力低下的人同等的水平线上，并且不能自由行动。第一个原因是，强烈的感情通常会干扰智力的正常工作；其二是，个人在集体的权威下丧失了思想的自由；其三是，每个人的责任感都普遍降低了。

在对无组织性的低级集体的心理行为特征进行归纳时，麦克杜格尔与勒邦一样极尽贬损。在他眼中，这种集体"通常极端情绪化，喜怒无常，为所欲为，乖张暴戾，目光短浅，犹豫不决，行事易走极端，只有原始的情感，很容易被他人的暗示所影响，没有严谨的思维和准确的辨别力，只知道一些低端的、残缺不全的逻辑论证，易任人摆布，没有自我意识，不知自尊心为何物，缺乏责任感，往往会盲目相信自己的力量，于是就会出现我们能够想象得到的一切为所欲为的绝对力量所能展现出来的所有画面。所以说，可以将集体的所作所为看作一个肆无忌惮的顽劣孩童，或者一个身处陌生环境的暴躁的原始人的表现，而处于其中的个体的正常行为与它截然不同。在最糟糕的时候，它的行为已经超出了人类的范畴而沦为兽行。"（同上书，第45页）

麦克杜格尔将上述类型的集体的行为同另一种具备组织性的高级集体的行为作了比较。既然如此，我们将对这种组织化的具体细节，以及它的来源很感兴趣。麦克杜格尔认为，提高集体的心理活动水平需要五个基本条件。

最根本的条件是：这个集体必须在长期持续存在，无论是在具体成分上还是在结构形式上。具体成分上的持久，指的是同样的个人在集体中的持久存在；而总体形式上的持久，意即这个集体中的某些稳定的岗位体系上的个人的长久任职。

其二：集体中的某些成员应当对集体的本质、架构、功能以及能力了然于心，借此与以整体形式存在的集体维系着一种情感纽带。

其三，这个集体需要与其他类似而又有所区别的集体（有可能是以相互竞争的形式）发生关系。

其四，这个集体必须拥有能够明确地确定成员之间关系的传统习俗和不成文的规矩。

其五，这个集体的构造应当由使个体各展所长的技术分工来明确组成。

麦克杜格尔认为，上述条件得以具备，就能够弥补集体在心理方面的缺陷。将集体的智力工作还原给个别成员，这样就能够杜绝智力在集体中的减退现象。

我们认为似乎存在着另一种表达方式，能够使人们更好地理解麦克杜格尔所提出的实现集体"组织化"的基本条件。关键是怎样才能让集体重拾那些在形成它时所丧失的个人特征性的东西。这是由于独立于低级集体之外的个人保有自我的意识、自己的连续性、独有的行为习惯和传统，以及自己独一无二的地位和作用，他与敌人划清界限。然而，当他进入了一个"无组织性"的集体之后，他的这些特征就暂时消失了。所以说，假如我们承认自己想让个人的诸般特征出现在集体中，那么特罗特的一个意义重大的观点就值得我们借鉴，[1]简略地说就是：从生物学的范畴上来看，一切高级有机体汇聚为集体的趋向，都来源于生物的多细胞特性。

①参见《战争与和平年代的民众之本能》。——作者原注

第四章 心理暗示和力比多

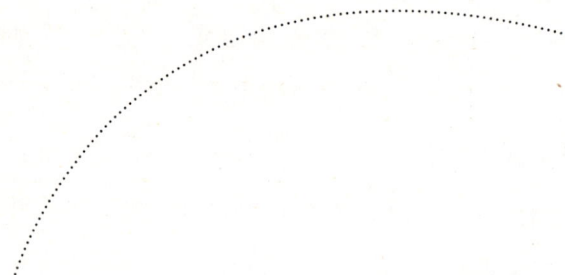

我们的论述基于如下事实：当一个个人加入到集体中时，他的心理活动由于集体的影响而出现了通常是翻天覆地的剧变。在情感方面，他变得狂热极端，而在智力方面，则出现了急剧的衰弱。显而易见，这两种趋势是为了与集体中的其他成员在水平上保持一致而出现的。但这种变化要想发生，还必须具备以下两种条件：他自身独有的本能的抑制作用已经解禁，以及他自身所独有的诸般趋向的表现已经被他遗弃。我们已经了解到，较高级别的"组织化"集体能够一定程度地杜绝这些令人不快的变化。但这并不违背集体心理学的基本事实，也就是说，与下述两个观点并不冲突：在初级的集体中，个人的情感加强而智力减弱。现在，我们将精力放在如何用心理学的观点来阐释处于集体中的个人的心理变化上。

显而易见，受理性控制的行为（比如上文提到的集体对个人的威胁作用，换句话说就是个人的自我保存）并不能作为这些心理变化现象的论据。在此之外，社会上以及集体心理学上的官方论点即使在表述上千变万化，但在本质上却毫无区别。它们归根结底都是在突出"暗示"这个充满魔力的词汇。塔尔德把暗示叫做"模仿"。不过我们却不由自主地对另一位作者的见解表示赞同，他毫不动摇地将模仿看作是从暗示中延伸出来的一个结果。勒邦将集体中的所有这些令人费解的现象归结于两种作用力：即成员之间相互的暗示以及首领的威信。但威信建立同样也是源于它激活暗示的能力。到目前为止，我们认为麦克杜格尔的"原始性情绪感染"原则或许能让我们的论述不需要假设暗示的存在。然而，经过更深入的思考之后，我们却明显感到，抛开它重点强调的情绪因素，这个原则同我们熟知的"模仿"或者"感染"的观点并无二致。当我们感知到他人的一种情绪时，我们自身也必然会有某种力量使我们陷入同样的情绪中。但是，我们有多少次能够免疫着这种情绪并以相反的姿态作出回应？因此，为何我们身处集体中时总会陷入这种情绪的感染中？于是，我们只好再次强调，是模仿的趋向使我们难以抵抗这种情绪，是集体的暗示使我们每每陷入这种情绪中。并且，除了上述见解以外，麦克杜格尔并未使我们抛开暗示的影响，他的观点同其他作者毫无二致，都将特殊的暗示感受性作为集体的特征。

由此，我们赞同下述见解：事实上，暗示（确切地说是暗示感受性）不可再分解，它是一种最基本的现象，以最基础的形态存在于人的内心之中。这个观点来自于伯恩海姆。1889年，我亲眼目睹了他令人匪夷所思的手法。然而，当时的我已经对这种野蛮的暗示行为产生了一种压抑的排斥感。当一个患者有抵抗的端倪时，就会被大声斥责："您都做了什么？您在排斥暗示！"我对自己说：明显这是不公平的，是一种专制。因为当别人试图以暗示来制服他时，他有权利奋起反抗。后来，我将敌视的目光对准了这一类观点：能够解释万物的暗示作用自身是不用解释的。对此，我重述了一个古老的谜语：[①]

克里斯多夫诞下耶稣，

而耶稣又创造了世界，

那么克里斯多夫彼时位于何处？

在过了三十年的时间不涉及暗示问题之后，我如今再次踏上了揭开暗示之谜的征程。我发现，这个问题的研究并无任何变化（只有一点例外，而这个例外恰好可以证明精神分析的影响）。据我观察，人们绞尽脑汁地试图赋予暗示这个词汇系统准确的定义，换句话

①引自康拉德·里希特《德国人S·克里斯多夫》。——作者原注

说，就是使这个名词的概念明确下来，这绝非多此一举。因为，暗示这个词的使用范围日趋广泛，而它自身的定义却愈发不确定，不久之后人们就会把任何一种影响冠上暗示的名字，如同英语中用它来表示"奉劝"、"提议"一样。可是，人们至今未对暗示的本质，也就是在逻辑基础不完善的状态下出现的影响的条件作出任何说明。假如我并未得知一场以此为任务的详细的研究工作即将拉开帷幕的话，我将会毫不犹豫地以我对近三十年来的文献资料的研究来支持这个说明工作。①

为了弥补这一点，我尝试着将力比多的概念引入到集体心理学的研究中，希望能有所帮助。力比多的概念已经极大地推动了我们对于精神性神经症的研究。

力比多这个概念来源于情绪理论。我们用它来表述所有与"爱"有关的本能的能量。我们通过量的大小来把握这个能量（虽然眼下还不能测量它）。我们所说的爱的主体内容，显而易见主要指的是以性结合为目的的性爱（即通俗意义上的爱以及诗人们歌颂的爱）。但我们并不打算将它与其他形式的爱分隔开，比如对自己的爱，对父母的爱以及对子女的爱，对朋友的爱以及对全人类的爱，同时也包括对具体事物的爱以及对抽象概念的爱。我们这样做的客观依据来源于一个事实：即根据精神分析的研究，所有的这些趋向都是来源于同一种本

---

①令人惋惜的是，这项研究并未能成功。（作者于1925年增加的脚注）

能冲动。在男女关系中，这些冲动疯狂地要求着性的结合。但是在别的情况下，它们的这种诉求转移到了他处，或者是遇到了到阻力。不过它们一直秉持着自己的本性，这种本性足以使人认清它们的身份（譬如像渴慕亲密与献身的特征）。

所以我们认为，早在"爱"这个词汇以及它的各种含义出现之前，语言就已经为创造它做好了准确的统一工作。我们最好的做法是同样以这个词为科学研究和阐释的基础。精神分析理论的这个决定激怒了世界，就好像它因为自己狠毒的行为而犯下了滔天大罪一般。但是，像这样从"广义的范围"上来阐明爱这个词，并非创新之举。哲学家柏拉图笔下的"爱的本能"一词在起源、影响以及两性关系上都与"爱力"，即精神分析中的力比多概念不谋而合。而纳赫曼佐恩和普菲斯特尔对此同样已经详细阐明过。而当使徒保罗在他的著作《哥林多书》中将爱奉为至上之物的时候，他的这个爱必然也是"广义上"的爱。[①]但以上事例只能说明，那些伟大的思想家并非总是受到人们的认真对待，甚至在他们自称对这些思想家万分崇敬的时候亦是如此。

因此，精神分析理论将爱的本能称之为性本能，并从它起源的角度称它为独占。大多数"高雅文明"的人将这个词视为一种羞辱，作为报复，他们将精神分析理论贬低为"泛性论"。无论是谁，只要他认为性是羞于提及的人性之耻，都可以使用更加文明的称谓："爱的

_____

①"我虽以人与天使之语言说话，但没有爱，我只是会发声的铜管，或一个叮叮作响的钗铱。"——作者原注

本能"以及"爱欲的"。打一开始，我就可以像这样做，如此一来那些漫天指责也就不会出现了。但我并不愿意如此，因为我绝不肯向怯懦软弱低头。没人知道这样的妥协会把你逼向何处，先是在用词上妥协让步，继而在内容上也逐步沦陷。我认为对性的避讳毫无意义，希腊词"爱的本能"不过是为了委婉地表述粗鄙的词而使用的，结果却成为了我们德语中爱这个词的替身，结果是谁能耐心等待，谁就不必让步。

我们准备怀着碰碰运气的心理来假定：爱的关系（或更加中肯地说，情感纽带）乃是集体心理的基础和核心。在我们的印象中，那些权威的观点并未提到过它。显而易见的是，这种爱的关系静静地蛰伏在暗示作用的帷幕之后。我们的这种假定从最开始时就建立在当下的两种主流观点之上：第一，显然是有某种力量促使了集体的形成，这种聚合的力量如果不是来自于那个将万物联结起来的爱的本能，还能来源于何处？第二，如果处于集体中的个人连自己的个体特征都抛弃了，并接受其他成员的暗示来改变自己，这就很容易使人联想到：他是为了与他们保持同步，而并不想与他们冲突——或许简单地说就是"为了爱他们"吧。

第五章　两种人为组成的集体：教会和军队

我们回忆一下所知的各式各样的集体，发现它们之间差异巨大，并且在发展趋向上往往截然相反。一些集体寿命短暂，一些集体则长时间地存在着；一些是同成分的集体——它们的组成成员是同种类型的人，一些则是不同成分的集体；一些是天然形成的集体，一些则是人为原因组成的集体——外界的力量使它们凝聚为一体；一些是初级的集体，一些则是结构明确的具有高度组织性的高级集体。然而，由于某些目前还不能言明的原因，我们准备重点探讨一个往往被该问题的研究者所忽视的差异，即集体中首领的有无。与以往不同，我们放弃了相对低级的集体模式，而将具备高度组织性的、长久维持的、人为的集体模式作为研究对象。具备这些条件的集体，最有意思的是莫过于教会——由信徒组成的集体——和军队。

一个教会与一支军队都是人为因素组成的集体，换句话说，必然有着适量的外界力量使它们不至于解散或者结构变异。在通常情况下，一个人是没有自由来选择是否加入这种集体中的。如果有谁胆敢叛离这样的集体，往往会遭到无情的报复，除非他有着明确的额外限制条件。但是，对于这些集体为何会具有这么非比寻常的维系手段，我们毫无兴趣。真正让我们感兴趣的是另一些现象，即在这种具有高度组织性、通过上述措施避免解体的集体中所显露出来的一些迹象。这些迹象在其他模式的集体中隐而不现。

在一个教会（我们以罗马教会为例）和一支军队中——无论它们在别的方面的差异如何巨大——两者的成员都同样盲目地坚信自己依附于一个首领。在罗马教会中，这个首领是基督，在军队中则是统帅。这个首领将爱平等地赐予集体中的每个成员。这种错觉对于任何事情都是必要的，一旦它消失，那么在外界力量允许的条件下，集体的瓦解是在所难免的，不管是教会还是军队都一样。基督宣扬过这种平等的爱："只要你略微冒犯了我的兄弟，那就等于是冒犯了我。"在这个信徒所组成的集体中，基督以长兄的身份存在，具有父亲的意义。一切要求都是出于对基督的爱。在教会身上有着民主的影子，这是因为：基督面前人人平等，他的爱是毫无差别地赐予每个人的。基督教会就像是一个家庭，其中的信徒们以基督之名联结为兄弟，也就是说，基督的爱使他们约为兄弟。这样的情况必然有着深层次的原因。我们毫不怀疑，基督同每个人联系起来的东西同时也将这些个人相互联系起来。在军队中情况完全相同。统帅即父亲，他一视同仁地爱着每个士兵，这样一来，这些士兵们之间就建立起了同志关系。军队在结构上与教会有些差别，它的组成单位是像这样的一些集体，在这些集体中，每一名指挥官在他统辖的连队里获得了统帅和父亲的身份，甚至连每一个班里的军士长都拥有着这样的地位。当然教会中也有着类似的等级划分，但从经济原则上看，这种等级制度在教会中并不能起到同等作用，这是因为，基督在对个人的关怀和洞察上远远超过军队统帅。

这种认为军队中具备力比多结构的看法饱受非议。人们反对的理由是，在这个力比多结构中，那种使士兵们在军队中凝聚为一体的思想，即保家卫国和捍卫民族尊严的那种崇高理想毫无容身之地。对此我们回答说，那种情况是另一种集体的联结方式，它们已经不再是低级的联系了。因为，恺撒、渥伦斯坦、拿破仑这些伟大统帅的事例已经向我们证实，一个军队的存在，并不是一定要具有这样的理想观念。目前我们手上的课题是，能否将统帅代之以一种主义思想，以及它们之间的联系。在一支军队中，就算力比多并非独一无二的影响力，但忽略它或许不仅会在理论上留下漏洞，而且还会在现实中面临危机。就像日耳曼科学那样非心理学的普鲁士军国主义，在世界大战中似乎已经面临过这样的问题。据我们所知，人们认为导致德军分崩离析的战争性神经症是源于士兵们对军队要求的一种抵抗；根据西梅尔的报道，或许主要原因是这些士兵的上级对他们的虐待行为。假如人们更加重视力比多的要求在这个现象中的重大影响力的话，美国总统提出的不切实际的十四条原则①或许就不会被轻易相信了，而德国领袖也不会亲手毁掉德国军队这张王牌。

人们可以留意到，在这两种人为构成的集体中，力比多将其中的每个成员同首领（基督或统帅）联结起来，同时也将每个成员与其他成员联结起来。联结它们的这两条纽带之间有着怎样的关系，它们是否在本质上和作用上是相同的，如何从心理学的角度来叙述它们——这些问题都有待研究。不过，我们在此有必要鼓足勇气略微指责一下之前的一些作者，他们从未重视过首领在集体心理中的关键作用，相反，我们以此作为第一个需要解决的课题，这就使我们在研究中占据先机。我们似乎在研究集体心理学的主要特征——个人的自由在集体中的丧失这个现象时走对了路。如果说这条力比多纽带带着强烈的情感将每个个人牢牢地束缚在两个方向上，那么我们可以轻易笃定，那些个人在性格上所表现出来的变化和抑制都是由这种状态所引发的。

在军事单位中，可以最彻底地观察到恐慌现象，同时也可以从中获得启发性的说明：一个集体，它自身的力比多联系构成了它的本质

①十四条原则：第一次世界大战后期，美国总统威尔逊在国会作了关于十四条原则的演讲,企图以此作为美国战后"改造世界的方案"。

属性。一旦军事单位解体，就会引起恐慌。这种恐慌的特点表现为：人们不再服从命令，变得自私自利。人们之间的联结纽带断裂了，让人绝望的恐慌开始蔓延。对此，肯定会有反对的声音再次出现。在反对者看来，事实恰好相反，正是由于这种无限递增的恐惧感，人们才会罔顾一切与他人之间的联系与感情。麦克杜格尔把恐慌现象（虽说不是军队中的恐慌）作为范例来解释情绪感染即他极为重视的那种感染的情况。但是，这种理性的解释方法在此毫无用处。真正需要说明的问题是：为什么这种恐惧感会变得如此严重。这支军队所遭遇的危机的危险程度并不能对此作出解释。因为这支军队以前遭遇过更凶险的境况，但都很好地战胜了它。恐慌现象在本质上与人们面临的危险没有丝毫关系，它往往出现在一些不起眼的情况下。假使一个人在恐慌之中变得自私自利，那么就表明那种一直让他无所畏惧的联系已经不存在了。现在的他既然一人面对危险，那么危险在他心中也就变得更加严重了。综上所述，实际上这种恐慌的出现是以集体中的力比多联系遭到削弱为前提条件的，并且是对此作出的合乎情理的反应。这样就推翻了那种相反的观点，即面临危险时产生的恐惧使集体中的力比多联系遭到抛弃。

以上观点并不会与下述见解自相矛盾：在一个集体中，感受（感染）的作用会极大地增大恐慌。一旦集体面临凶险莫测的危机时，如果它缺乏坚若磐石的情感联结的话——譬如当火灾发生在剧院或者娱乐场所中时就完全符合上述条件——麦克杜格尔的见解用来解释这种例子绰绰有余。然而，真正意义上能对我们的研究有所帮助和解释的，是上面提到过的军队的例子，即一支军队在遭遇了以往常见的普通危险之后却陷入了恐慌的状态。我们不可能对"恐慌"这个词作一个明确的定义。它有时表示的是一切集体性的恐惧；有时更被用作对某个个人的恐惧（当这种恐惧突破极限时）的表述；人们似乎还喜欢用它来表述一种毫无征兆的突发性恐惧。如果我们用"恐慌"来表示集体意义上的恐惧，那么就可以作一个具有重要意义的类比。个人所产生的恐惧要么是来自于所遭遇的极大危险，要么是由于情感联结（即力比多的精力贯注）停止了，而后者就是神经症性恐惧和神经症性焦虑的病因。[①]而集体的恐慌正是以这种方式，要么源于普通危险的递增，要么源于维系集体的情感纽带的断裂，而后一种情况与神经症性焦虑的情况相似。[②]

如果有谁像麦克杜格尔那样以恐慌现象为"集团心理"最明显的作用之一，那么他将会陷入自相矛盾之中，因为这就表明集团心理的一个最明显的作用就是瓦解它自身。无疑，恐慌的出现必然会导致集体的分崩离析，因为它意味着这个集体中的成员以往的情感联系已经不复存在了。

内斯特罗模仿黑贝尔的关于朱迪斯和霍罗夫纳斯的剧本而创作的

---

①请参阅我的《精神分析引论》第25节。——作者原注

②参见贝拉·冯·费尔采齐妙趣横生却略为夸张的论文《恐慌和泛情结》。——作者原注

讽刺文章，是对一场恐慌爆发的典型刻画。一个士兵惊呼："将军被砍掉脑袋了！"听到这个消息，所有亚述人抱头鼠窜，四处逃跑。将军的死所导致的某种角色的消失或者他四周的人心惶惶引发了恐慌，即使他们所面对的危险并未增加。通常来讲，一旦集体成员与首领之间的联结中断，成员之间的联结也就中断了。此时这个集体的解体就如同鲁佩特王子的溶液滴的尾部断裂时一样。

一个宗教团体的解散却往往不为人知。我刚获得一本关于天主教起源的英语小说。是一位来自伦敦的主教向我推荐的。书名是《黑暗降临》，依我看来，这本书巧妙而又可信的构想为宗教解体的可能性和它造成的灾难提供了蓝图。据传言，这部小说是在借古讽今。小说讲的是基督信仰以及基督教的反对者所策划的一起阴谋事件。他们成功制造出一起在耶路撒冷挖掘出圣墓的事件。人们在圣墓中的一块石碑上发现了一行字，是亚利马太城的约瑟所写。他承认由于自己对基督的虔诚，在基督入土后的第三天，他就将遗体秘密地转移到了此处。这个发现彻底否定了基督复活的说法以及他的神性，使欧洲文明遭到巨大的撼动，所有的犯罪活动和野蛮行为突然间大幅递增，直到这个伪造的阴谋被揭穿、真相大白之后，一切才回归正常。

上述假想中出现的宗教解体所引发的种种现象并非源于恐惧，恐惧在此时并不存在。取而代之的是对他人的残忍和攻击性的冲动，这种冲动曾经被基督赐予的平等的爱所驯服。①然而，即使是在基督的国度中，那些教会之外的人们，那些不信基督的人们，那些不能得到基督的爱的人们，依然是处于这种联结之外的。所以，一个宗教即使自我标榜为以宣扬爱为教义，但在对待那些异教徒上，它仍然是冷血的刽子手。从本质上来看，诸般宗教莫不如是。对待自己的信徒时是爱的宗教，对待异教徒时则变为了残忍而狭隘偏执的宗教。所有宗教都认为这是理所应当的事情。不论我们从独立的个人角度对此有多么费解，我们也不能过分地斥责信徒们。从心理学的角度来看，那些没有信教或者持中立态度的人们的心态要比他们好得多。就算是如今的这种专制现象没有以前那么残暴和冷酷无情了，我们也几乎不能说人类已经趋向于善良和仁爱了。这种改善不过是由于宗教情感连同依附于它的力比多联结已经出现了明确的衰退。假如说这种宗教联结能够被另外一种集体的联结形式所取代的话——目前来看，社会主义的联结方式已经出色地完成了这个任务——那么它对集体之外的人，同样会采用宗教战争时期的那种狭隘偏执的态度。假如说集体中的科学观点之间的争辩能够具有与宗教联结相似的关键地位，那么同样的狭隘态度亦会在新的作用力下再现。

---

①参见费德恩《无父的社会》。——作者原注

第六章　其他问题和研究线索

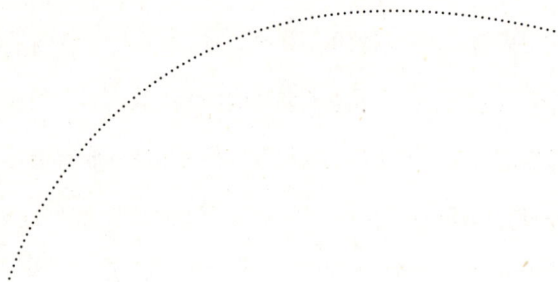

迄今为止，我们已经研究了两种人为构成的集体，它们都是建立在两种情感联系的基础之上的。其中与首领的联系（在这些集体中必然）比另一种联系，也就是集体成员之间的联系更具有决定性意义。

在集体的不同形式上，还有许多问题尚待考察。我们应当以这个事实为出发点，即单纯地聚集起来的人群还不能称之为一个集体，因为他们之间没有情感联系的存在。但我们不可否认的是，任何一群人都很可能趋向于聚合为一个心理集体。我们需要将目光放在一些或多或少是牢固的、自发形成的不同形式的集体上，找到它们形成和解体的相关条件。尤其应当着重观察有首领的集体与无首领的集体之间的差异。我们应当仔细思考：有首领的集体是否并不是一种更加古老和完备的集体形式；在其他形式的集体中，一种抽象的理念是否不能取代首领的作用；一种普遍的趋向，一种几乎人所共有的意愿，是否无法取代首领的作用。再者说，这种抽象的东西也许可以在我们所说的辅助首领身上显现出来。理念和首领之间的关系会出现种种奇妙的转变。首领或者达成共识的理念也可以带有消极意义；对某人或者某种制度的仇视也同样能够将集体统一起来以及产生同样的积极凝聚人心的情感联系。由此，就出现了这样的疑问：一个集体是否真的必须具备一位首领。除此以外，还有一些别的问题。

然而，这些问题（一部分在集体心理学的相关论文中已经被探讨过）仍旧不能使我们改变对集体的组成方面的研究中所涉及到的那些有关心理学上的基本问题的情有独钟。我们首先关注的是这个问题——哪一个心理学基本问题能够最简单明了地使我们得出力比多联系是集体的特征这一结论？

首先我们来了解一下，人际关系中普遍具有的感情关系的本质。叔本华对此作了一个有名的比喻：在一群挨冻的豪猪中，没有谁能够忍耐与同伴太过亲密的身体接触。①

_____

① "一个寒冬，一群豪猪拥成一团取暖，以使自己不至于冻死。然而，过不了多久它们就由于同伴身上的刺而分散开。但当它们迫于寒冷又重新靠拢时，刺疼的苦恼再次来临。为此，它们不断地分散又靠拢，直到找到了一个忍耐度最能接受的位置为止。"——作者原注

根据精神分析提供的证据，在两个人之间稳固存在的任何一种亲密关系中，譬如在婚姻、友情、父母与子女的关系中，随着时间的推移，几乎都会出现一种敌对的情绪，只是由于压抑作用而不被人们所察觉罢了。①不过在同事之间的争吵和下级对上司的不满中，这种情绪往往较易察觉。这种情绪也出现在一些的大型的团体中：当两个家庭联姻后，每一方都会觉得自己在社会地位或者背景上比对方优异；在相邻的两个小镇之间，双方都把对方视为竞争对手。每一个小州都蔑视其他的州；血缘相近的族群却关系冷漠。德国的南方人反感北方人。英国的英格兰人大肆贬低苏格兰人。西班牙人看不起葡萄牙人。因此，当更大的差别所引发的几乎难以抑制的厌恶出现在我们面前时，我们也就不会再过于诧异了。类似的情况有高卢人对日耳曼人的厌恶，雅利安人对闪米特人的厌恶，白色人种对有色人种的厌恶。

当这种敌对的情绪的对象是在某些方面为我们所敬爱的人时，这种情绪就被我们称为情感的冲突。我们利用这种出现在亲密关系中的利益冲突的事例来阐释上述事实，但这样似乎显得过于理想化。人们在与陌生人之间无法回避的交往中直接地表现出来的厌恶情绪，能够帮助我们观察到自爱——即自恋的表现形式。这种自爱目的是自我保存，它所显现出来的行为似乎表明：任何不同的其他道路都是对我自

---

①或许唯一的例外是母子之间的关系。这种关系是以自恋性为基础的，后来激发的竞争并不会影响到它，并且它还会由于一种最初的性对象选择的遗留因素而得以巩固。——作者原注

己特定的人生之路的批判，都妄图改变我的生活之道。为何人们偏偏对这类细微的差异如此夸大，我们尚且不知道缘由。但有一点毋庸置疑，在整个的这种联系中，人们都明显处于进攻和仇视的待命状态。对此，人们还未找出原因，但有一个人尝试着赋予它一种本质特性。[1]

然而，当人们构成一个集体之后，这种狭隘的状态就短暂地或者永久地销声匿迹了。只要是在一个集体之中且未超出它的限度，那么集体内的成员就会表现出近乎一致的言行举止。他们之间彼此包容，平等友爱，没有任何嫌隙。按照我们的理论，这种遏制自恋的情况必然是由一种力量主导的，即个人与其他人之间的力比多联系。只有对他人的爱，才能与对自己的爱相抗衡。[2]谈到这里，有人会立刻质疑：抛开与一切力比多有关的力量，难道共同利益本身就不能带来包容与友爱？对此，我们可以这样来回答他：以此而产生的对自恋的遏制作用是短暂的，当获取直接利益之后，个人对他人也就不会再有包容和友爱了。不过，这些论述对于实践而言并没有想象中那么重要，因为根据经验来看，成员之间在联手合作的过程中所产生的力比多联系会使他们的关系牢固而稳定，以致彻底超越了利益范畴。在运用精神分析法对个人力比多的研究过程中，那种时常出现的状况同样会在

---

[1]在我近期发表的《超越快乐原则》一书中，我尝试着利用生本能与死本能之间的对立的假设来连接爱和恨，并且将性本能当作是生本能最典型的范例。——作者原注

[2]请参阅我的论自恋一文。——作者原注

人与社会的关系中出现。力比多依附于生命满足自身重要需求的过程中，并且，出现在这个过程中的人会被它视为第一对象。就像在个人的成长中一样，在全人类的历史进程中，只有爱才能催生出文明的果实。因为，它使人完成了从利己主义到利他主义的蜕变。这里不单单指不破坏女人的所有喜欢的东西而表现出来的性爱，也指在戮力同心的奋斗中形成的对其他男人的非性欲的、高尚的同性别的爱。

由此可知，如果自恋性的自爱在集体中受到了一些它在集体之外所没有的遏制，那么这就强而有力地表明了，形成一个集体的本质的东西乃是集体成员之间的一些独特的力比多联系。

至此，我们饶有兴致地将研究重心放在这样一个亟须解决的问题上：这些存在于集体中的联系在本质上究竟是什么东西。在精神分析对神经症的研究中，直到目前为止，那种以性满足为直接目的的爱本能所产生的与对象之间的联系，几乎一直被我们当作重点观察对象。在集体中，这种问题显然是不存在的。我们在此的研究重点是那种已经不再带有原始目的的爱本能，即使它的能量并没有因为目的改变而遭到削弱。现在，我们在性对象注情的常见范围内已经注意到一些现象，它们显示出，这些本能已经偏离了原本的性目的。这种情况，我们称为爱的广度，同时，我们还发现，它们对自我而言带有某种冒犯之意。目下我们需要将这些爱的现象作为重点研究课题，希望能够从中获取一些材料，来解释集体内的那种联系。不过我们想弄明白：这种对象性注情究竟是不是像我们在性生活中了解到的那样，是唯一一种与他人之间的情感联系方式？还是说我们应当同时考虑到其他的联系方式？实际上我们在精神分析的研究中已经了解到，的确有另外一些情感联系的方式存在，即**自居作用**。它的过程模糊不清，很难加以描述。对它的研究将使我们暂时偏离集体心理学这个主题。

第七章 自居作用

关于两个人之间的情感联系的表现形式，精神分析理论最先认识到的就是自居作用。它对俄狄浦斯情结的早期发展阶段有一定的影响。一个小男孩会对父亲有一种独特的情感，他希望能够成为父亲那样的人，在各个方面都能够取代他。简单来说就是，他将父亲当作自己的典范。这种行为不同于那种在与父亲（以及一般男性）相处中采取被动的或者女性的姿态的情况。相反，它是一种典型的男子气概。它与俄狄浦斯情结相契合，并为它的出现奠定基础。

在以父亲自居的同时，或者不久之后，这个小男孩就开始以依恋的方式对他的母亲进行一种真正意义上的对象性注情。从这里可以看出，他此时表现出了两种不同的心理学上的情感联系：以父亲为典范的自居行为和以母亲为目标的直接对象性注情。这两种情感可以在一段时间内和平共处，互不干扰。但由于心理生活的发展的统一趋势，它们最终被迫融合在一起，此时，正常的俄狄浦斯情结便诞生了。这个小男孩开始意识到，父亲是横亘在他和母亲之间的大山，于是他以父亲自居的行为就开始蕴含着敌意，即形成了这样一种目的：在对于母亲的方面也要取代父亲。自居作用其实从最初起带有矛盾的情绪，它既可以表现为对某人的亲近，同时也能表现为意欲取缔某人的敌意，它看起来像是力比多组织最原始的口欲期的衍生现象。在口欲期，我们总是希望将喜爱之物或者渴望得到的对象放进嘴里，同时，我们也以这种方式消灭了这个对象。据我们所知，那些食人族即是如此，虽说他们对敌人有着吞食的敌意，但是他们真正吃的，却是自己喜欢的人。

这种以父亲自居的现象发展到后来就很容易被忽略了。在后期，俄狄浦斯情结可能会出现反转，男孩会在与父亲相处时处于女性的地位，将父亲作为一种直接的性对象，此时以父亲自居的行为就成为了与父亲的对象联系的先导。如果加以必不可少的替代的话，这种情况同样适用于女婴。

对于以父亲自居的作用与以父亲为对象的作用之间的差异，我们能够用一种叙述方式来轻松地说明。前者是想成为他父亲，后者是想占有他父亲。换句话说，这种差异的本质在于与其发生情感联系的是自我的主体还是自我的客体。在性对象的选择之前，前者的联系就早已存在了。但是，要在元心理学的范畴上对这种差异作出清晰的说明，难度就要大得多。我们不过是注意到，自居作用的本质就是一个人以另一个人为样板来雕刻他的自我。

当自居作用出现在神经性症状中时，我们应当将它从杂乱的关系中提取出来。假如有一个小女孩（现在我们将专门谈论她）和她母亲受到同样的病患折磨。例如，她们都染上了同样程度的严重的咳嗽症。这个现象可以有数不清的原因。在俄狄浦斯情结的影响下，很可能会产生出自居作用。此时，自居作用表现出了这个小女孩取代母亲的敌意。她的症状源于她对父亲的对象性的爱，但由于负罪感的压抑，她只能通过这种方式来实现取缔母亲的欲望："你想成为你的母亲，现在你做到了——无论如何，你与她染上了同一种病，你做到了。"这就是癔症症状的完整模型。另一方面，也会出现与所爱的人患同一种症状的情况，比如朵拉①模仿她父亲的咳嗽模样。对于这种情况，我们这能如此描述：自居作用已经取代了对象选择，后者已经退行为自居作用。据我们所知，自居作用是最初阶段最古老的情感联系的表现形式。人们时常观察到，当压抑作用以及无意识占据主导地位时，即形成了症状出现的条件时，对象性选择就退行为自居作用了，即自我模拟对象的特征。值得一提的是，在这些自居作用中，

---

①请参阅我的《关于一个癔症病例的剖析片段》。——作者原注

自我有的时候模拟的是自己不爱的人，有时却模拟的是自己所爱之人。还有一点也同样会让人大吃一惊：在上述两种情况下，自居作用的模拟范围都是狭隘的、有限的，它只能模仿对象身上的一个片面的特征。

除此之外，还有第三种常见的情况，在这种重要症状的形成过程中，与所模仿的对象之间的任何关系对自居作用丝毫没有影响。有一个例子，一个寄宿学校的女生收到了暗恋之人的来信，这封信的内容使她陷入妒忌之中，暂时性地患上了癔症。后来，另一个了解此事的女生也暂时患上了同样的病，依我们的话来说，就是她在情绪感染中患上了此病。这就是自居作用的机制，它以使自己与他人处于同样境况的述求和可能性为基础。其余的女生也渴望着隐秘的爱情，但在负罪感的压抑下【译者注：：只好选择以那个女生自居】，她们也陷入了这种隐秘的爱情所带来的苦恼中。有人将这种情况看作是出于她们的同情心，这是错误的。恰恰相反，同情心只能由自居作用产生。可以证实这个观点的事例是：在一个女子学院中，只有当朋友之间事先就有的同情心甚至比往常更少的时候，上述情绪感染或者模拟的状况才会出现。一个自我在某个地方——在我们的所举的例子中是在接受相似的情感上——感受到与另一个自我的有价值的共鸣，于是在这个相似的地方形成了自居作用。并且，在自我对相同的致病情境【译者注：：如隐秘的爱情】的诉求下，这种自居作用就转移到了某个自我所表现出的症状上。由此，这种以症状为表现形式的自居作用，就成为了两个自我之间始终受到压抑的共同点的象征。

以上所说的三种原因，我们概括起来就是：第一，自居作用是与某个对象之间最原始的情感联系方式。第二，通过退行的形式，自居作用成为了力比多的对象联系的取代者，就如同以内向投射①的形式将对象纳入自我一样。第三，与其他不是性对象的人在某个相同点上产生的新体验，可能会导致自居作用的出现。这种相同点越是重要，其小范围内的自居作用的效果也就越好。由此可知，它或许象征着一种新的情感联系的滥觞。

我们早就试图将集体成员之间的相互联系归于这样一种自居作用的结果，这种自居作用是以一种重要情感的相同点为基础的。我们试着猜测，这种重要情感的相同点就是成员与首领的联系。或许我们还会有另外一种疑惑，即对于自居作用我们还只了解到它的表面。此外，还有一种心理学上的"情感植入"的过程我们尚未考虑进来，这种过程能够极大地帮助我们理解他人的内心中那些离我们很遥远的东西。但在此处，我们将只探讨自居作用直接引发的情感后果，而抛开它在理性生活中的意义不谈。

精神分析已经开始试着解决较为困难的精神病问题。因此，我们

---

①内向投射：，一种心理防御机制，指广泛地、毫无选择地吸收外界的事物，将它们变成自己人格的一部分。例如当人们失去所爱的人时，常会模仿他们的特点，使这些人的举动或喜好在自己身上出现，以慰藉内心；相反，对外界社会和他人的不满，在极端情况下可能会变成恨自己因而自杀。内向投射也可能是自罪感的表现，常常借由模仿死者的一些性格特点来减轻对死者的内疚感。

从中也获取了一些在其他情况下表现出的自居作用。要想直接弄明白这些情况是不可能的。我将详尽地探讨其中的两种情形，以此来作为我们进一步研究的参考资料。

男性同性恋现象的出现很大程度上是由于这样一个原因：在俄狄浦斯情结的范畴内，一个小男孩始终对母亲有着超常的、强烈的依恋。然而，在青春期结束后，他开始用另外一个性对象来代替他的母亲，由此，事情出现了重大的突然转换。这个青年对母亲的爱恋并未消失，只不过是以她自居罢了。他将自己当作是他的母亲，并开始寻找一个对象来代替他自己，这样他就能够将母亲给予他的关爱给予这个对象。这种现象屡见不鲜，随时都能得到证实，并且它明显与任何可能出现的对这种突然转换的器质性机制动机的猜测毫无关系。这种自居作用最让人吃惊的是它宏大的规模，它以目前的对象为模板来改造自我的关键特征之一——性特征。在这个宏大的改造工程中，它离弃了对象本身，至于这种离弃是彻底的还是无意识的，这与我们目前的讨论无关。以自己离弃或者失去的对象自居，用自己来替代那个对象——以内向投射的形式将其纳入自我——这种现象我们已经司空见惯了。在幼儿的生活中，我们偶尔能够直接地观察到上述这种过程。不久之前，在《国际精神分析杂志》上就刊登了一篇关于这种直接的观察的文章。一个小孩子，因为他的小猫死了而感到很难过，于是他对人们说，他自己现在就是这只小猫咪。他在地上爬来爬去，不愿意上桌吃饭。从他身上可以观察到上述自居作用的各种特征。[①]

在研究忧郁症的时候，我们发现了另外一种对对象的内向投射形式。在导致忧郁症的所有明显的病因中，罪魁祸首就是在情感上失去了所爱的对象或者这个对象离开了人世。这些忧郁症的最显著的症状就是对自我的无情的鄙夷，以及深深的自责和痛苦的反省。据研究表明，这些自责和自贬在本质上是以失去的对象为目标的，归根结底是一种报复的形式。失去的对象已经投影到了自我中，这是我曾经在别的地方论述过的。[②]此处，对对象的内向投射现象清晰准确地呈现了出来。

然而，在这些忧郁症的现象中，我们还能够得出其他一些对下文的探究至关重要的观点：这些现象显示了自我一分为二，其中的一半强势地反对着另一半。后者已经发生了变化，在内向投射的作用下，那个失去的对象已经被融入了它。对于铁面无情的那一半我们也并非全然不知，它代表着自我的道德和自省。即使是在普通情况下它也始终对自我保持着批判的倾向，只不过没有那么冷酷无情、蛮不讲理而已。在这之前，我们在一些情况下[③]不得不作出这样的假设：或许自我逐渐具备了一种能力，这种能力能使它从自我的其他部分中升华出来，并与之对立。我们将它称为"**自我典范**"，并且将其视为自省、道德批判，以及梦的无意识压抑作用、压抑作用的主要来源。在前面

---

① 参见马尔库斯茨维采在1920年发表的文章。——作者原注
② 请参阅《忧伤和忧郁症》。——作者原注
③ 请参阅我的论自恋的论文和《忧伤和忧郁症》。——作者原注

我们提到过，它源自于使原始的自我得以孤芳自赏的初级自恋现象。它不停地将外界加诸于自我之上而自我却终究无法恪守的那些戒律积累起来，于是乎，当一个人在他的自我中无法获得满足时，他或许可以在这个从自我中独立出来的自我典范上得到满足。就像我们接下来所说，在被监视妄想中，自我已经极为明显地发生了分裂，同时还表明了自我典范源自凌驾于父母之上的更权威的权力。①即便如此，我们仍需要加以补充的是，自我典范与自我之间的真正的差异的大小是由个人决定的。有很多成年人的自我的分裂程度并未超出儿童多少。

不过，在我们能够利用此事例来理解集体中的力比多联系之前，我们还必须再研究一些别的能够显示出对象与自我之间的联系的事例。②

①请参阅我的论自恋的论文的第3节。——作者原注

②我们明白，以上病理学范畴的案例并不足以彻底揭开自居作用的本质，对于集体的组成形式，我们仍未涉及到其中的某些环节。对此，我们有必要将一种更为基础、复杂的心理学分析贯穿其中。自居作用在模仿中会产生感情植入，也就是使我们可以理解那些导致我们对另外一种心理生活持有任何态度的机制。再加上，在如今出现的自居作用中尚有大量有待解释的表现形式。这些作用会明显地对一个人对自居对象的攻击性态度加以限制，使他乐于帮助他们、宽恕他们。研究这种自居作用，就像研究那种维系部落情感的纽带的自居作用一样，让罗伯逊·史密斯得出了令人匪夷所思的结论：这些集体的维系基础是拥有一种共同的东西。哪怕是成员都拥有一块一模一样的肉，也能使这种自居作用出现。根据这一特性，我们能够将此类自居作用与我在《图腾与禁忌》中构架的早期人类的家族史联系起来。——作者原注

第八章　爱和催眠

虽说语言的表述之意变化不一，但就某种确切的东西来说亦可算是恒定。因此，它赋予了"爱"这个词如此多的感情关系，我们也将这些关系纳入到理论上的爱的范畴中。然而，人们依然有所怀疑：这种爱是否纯粹、真实、确切，是否由此呈现出了爱的现象的范围中可能出现的一切情况。我们可以很轻松地在观察中得出同种结论。

有时爱不过就是性本能为获取直接的性满足而进行的对象性情感贯注。目的达成之后，它就烟消云散了。这就是人们口中的普遍性的、感性的爱。然而，力比多的情况就不止这么简单了。它需要确保对刚刚烟消云散的欲望的重燃有准确的预判，毫无疑问，这使它成为了对性对象的持续情感贯注的原动力，并且是在冷静的间歇期中"爱"上对方的原动力。

对此，我们有必要对另一个因素加以补充说明，它源自人类在性生活中所因循的一个颇为明显的发展过程。当儿童五岁时，这个过程的第一阶段基本上就告一段落了。在此阶段中，他的双亲中的其中一位被他当作最初所爱的对象，他所有的性本能及其求得满足之欲望都集中在这个对象之上。然而，在后来出现的压抑的作用下，他只能将几乎所有的此类幼儿期的性目的抛弃。由此，他与父母的关系出现了质变。虽说他依然与父母有着联系，但维持着这种联系的本能已经"在目的上受到了抑制"。因此，他在对所爱对象的情感中表现出了"亲切"的属性。人们很清楚，这种早期的"感性"的趋向仍然保存在无意识中，因此在某种意义上，整个原始时期的趋向依旧继续延续着。①

众所周知，在青春期涌现出了一种全新的、极为强烈的带有直接目的的性冲动。在某些糟糕的境况下，它们以一种感觉流的形式与那种延续下来的"亲切"的情感划清界限。所以我们眼中出现如此一副景象，它的这两个方面很容易在一些文学流派的笔下被赋予典型意义：一个男人会对一个自己敬重的女人产生炽热的感情，但却不会对她采取任何性行为。与此相反，他只会与那些他所轻蔑和鄙夷的女人打情骂俏②。不过更常见的情形是，这个青春期的少年会处于在某种程度上的并存状

---

①请参考我的《性学三论》。——作者原注
②《论爱的领域中普遍降格的倾向》——作者原注

态，也就是达到一种纯洁高尚的爱与感性肮脏的爱的中和状态。他与性对象的关系中就存在着此类特性，即无抑制的本能与被抑制的本能互相融合并影响彼此。同赤裸裸的感性欲望相比，对任何人的爱的深度可以通过这种爱中含有多少受抑制的本能来加以判断。

一直以来，我们都对爱的世界中的性过誉现象感到诧异。在这种现象中，被爱者能够一定程度地享有不被挑剔的特权，她的一切特点都优于未被爱者，或者更准确地说是凌驾于她被爱上之前的特点之上。如果说感性的欲望或多或少被压抑或禁止，那么就会出现此类错觉：正是由于精神方面的闪光点才使她被感性地被爱上了。但事实恰恰相反，只有她在感性方面拥有吸引力才会使精神的闪光点出现。

我们于此方面出现错觉的这种趋向就是完美化的趋向。但是我们如今能够较为轻松地找到自己的方向。我们观察到，我们以对待自我的方式来对待性对象。因为，当我们坠入爱河时，大量的自恋性力比多贯注到对象身上。并且更加显而易见的是，在择偶的方式中，对象的模版正是我们自身未能达到的某种自我典范的替身。我们由于她具备我们的自我汲汲以求的完美特性而深爱她。现在，我们准备以间接的方法把性过誉当作我们满足自恋的一条途径。

这种性过誉和这种爱的程度越深，就越能准确地阐释这幅景象。此时，追求直接性满足的趋向或许已经彻底沦为次要的东西，譬如一个青年炽热的情感就时常会处于这种状态。自我逐渐卑微，对象愈发高贵，直至自我的爱完全贯注到对象上，于是就会自然而然地导致自我的沦丧。换句话说就是自我被对象完全吸纳了。在一切的爱的现象中，都带有卑微、自恋受控以及自我贬低的特征。在极端的情况下，它们只是得以加强，并伴随着感性需求的退居幕后而登上神坛。

在那些不和谐的、无法得到满足的爱情中，这种情形最易出现。这是因为，任何一种性的满足都能够降低性过誉的程度。这种自我对对象的"献身"已经可以等同于对某种信仰的崇高献身了，随着自我"献身"的出现，自我典范本应具备的功能丧失了效用，它所引发的批判作用也荡然无存。对象的一切行为和要求都是正确的、不容批判的，为这个对象所做的一切事情都是不受良心道德审判的。为了不切实际的爱情，一个人可以变得心狠手辣，不惜触犯法律。以上的整个状态一言以蔽之：**对象已然成为了他的自我典范。**

如今我们能够很轻松地判断出自居作用与这种堪称"走火入魔"或者"甘为奴隶"的爱的极端现象之间的差异。在自居作用中，就像费伦采所说，自我将对象的特征贯注于自己，使对象"内投"于自身。但在这种爱的极端状态下，自我日益匮乏，盲从于对象，它用对象替换了自己最核心的部分。然而加以斟酌，我们就会立刻发现，这种说法会使人产生错觉，误把以上并不存在的差别当作是客观存在的。事实上，根本就没有什么匮乏或者贯注的问题，我们甚至将爱的极端状态看作是自我将对象内投于自身的情形。或许另一种差别更接近问题的本质。在自居作用中，对象消失了，或者被遗弃了，之后在自我内它又得以重生，自我以这个消失的对象为模板将自身加以改变。而在另一种情况下，对象得以存留，自我对它保持高度精力贯注，并以自我的献身为代价。然而，这种区分方法也有漏洞，我们如何能够断定自居作用是以放弃对对象的注情为前提的？而当对象得以保留时，是否有可能根本就不存在自居作用？在我们着手于探究这些微妙的区别之前，我们逐渐意识到：另一种区分之法能够真正地阐释问题的实质，即对象是处于自我的地位还是自我典范的地位。

爱与催眠颇为相似，两者的相同点极为显著。在这两种状态下，主体无论是对催眠师还是对所爱的对象都具有相同的卑微顺从，相同的言听计从，相同的缺乏批判的思想，而其自身的创造力同样处于停滞状态。毫无疑问，催眠师已然处于自我典范之地位。不同的是，在催眠过程中，一切都变得更加清晰、更加强烈。有鉴于此，我们认为用催眠现象来剖析爱的现象比其他方法更加客观可靠。催眠师是独一无二的对象，在一种梦境般的体验中自我感觉到了催眠师可能作出的要求和结论。这个事例让我们想起了的自我典范的某种功能，即检验事物真实性的功能。①毫无疑问的是，如果说原先检验事物真实性的心理能力是自我的真实的保障，那么自我就会将一种知觉当作真实之物。这种极端的现象是由极度缺少目的不受抑制的性冲动所引起的。催眠中与催眠师的关系类似于在爱情中某人彻底的献身，只不过其中并无性的满足罢了。但在实际的爱中，这种满足只是作为将来或许会

---

①但是自我典范是否具有这个功能，还需要进一步的研究证实。——作者原注

出现的一种目的而被暂时压抑起来并处于次要位置。

另一方面，我们能够断定（如果这种表达方式准许的话），催眠关系是一种有两个成员组成的集体的形式。将催眠与集体形式相对比并不是很恰当，因为按照更加准确的说法，它们两者之间是统一的。我们可以从复杂的集体结构中提取一个部件，也就是个体对领袖所采取的行为方式。就像它与爱的差别在于缺少直接的性目的一样，催眠与集体形式的不同之处是，它的人数是受限制的。从这个角度来看，催眠处于集体与爱中间的位置。

有意思的是，恰恰是由于那些目的受到抑制的性冲动，人们之间的联系才能得以长久保持。我们可以很容易地从一种现象中理解它，即这些性冲动是无法彻底得到满足的，相反，那些目的未受抑制的性冲动则会在每次的满足之后因能量的释放而急剧减弱。感性的爱得到满足后，必然熄灭。**若想长久存在，须得在最初时就蕴含单纯的感情**，即带着那种目的受到抑制的情感，亦或是，它自身必须发生这样一种变化。

如果不是催眠本身还有一些未解的特征，也许我们就能够用它来揭开集体中的力比多成分的未解之谜了。目前，我们将催眠定义为一种杜绝了直接的性倾向的爱的状态。在催眠中还大量地存在着应被视为未得到证明的未解现象。其中含有一种在强者与无助的弱者之间的关系中额外激发出来的麻醉作用，它可能会导致向动物中存在的惊悸性催眠现象的转变。我们尚未弄清催眠现象的产生原因以及它与睡眠的关系。像这种某些人配合，而另一些人则对其彻底反抗的谜一样的催眠之法，显现出某种人们还未了解到的因素，它在催眠过程中得以体现，或许只有依靠它才能将催眠所显露出的力比多趋向的纯粹性变为现实。值得重视的是，即便被催眠者在其他方面都彻底处于暗示性的服从状态，但他的道德良心却可能对此加以抵制。但这有可能是由于这样一个原因：催眠过程中，人们通常还保留着这样一种意识，即将当下发生之事视为一场游戏，认为它不过是生活中的另一种极为常见的虚假的演出而已。

　　通过上面的探讨，我们完全可以将集体中的力比多成分的情况用一句话来笼统描述。这个集体至少是我们眼下着手的这样一种集体形式，即由一名首领主宰并且不能间接地利用高度"组织化"来形成个人特性的这种集体。一些个体构成了这种原始形态的集体，这些个体将同一个对象置于他们的自我典范之上，于是，在他们的自我中，互相以他人自居。我们可以用下图来对此加以阐释：

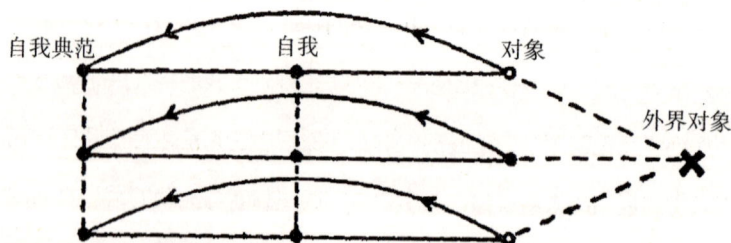

第九章　聚居本能

我们不能过多地陷入这样一种错觉之中，即我们已经利用上述方法揭开了集体之谜。我们无奈地意识到，事实上我们已经将集体之谜转移到了催眠的层面上了。但是，关于催眠，还有许多谜团需要我们弄清。如今，另外一种反驳观点为我们指明了接下来的研究方向。

或许会有人认为，集体中呈现出的那种炽热的情感联系完全可以表明它们的一个特征——即集体中的成员缺乏独立精神和创造力，他们的状态相似，都下降到了一种"集体之个体"的状态水平。勒邦曾经精辟地描述了集体的某些特征——智力水平低下，情绪易于失控，冲动浮躁，很容易就迸发出无限度的情感，且喜欢用行动来释放情感，以及其他类似的种种特点。它清晰地将一幅画面呈现在我们眼前，即此时人的心理水平倒退到了原始阶段，这种状态我们时常能从原始人或者儿童身上观察到。这种倒退现象在普通的集体中尤为突出，并且是其基本特征，但是在那些具有组织性的人为形成的集体中，这种情况会被极大地遏制。

由此，我们了解到了这样一种状态——当一个个体的情绪冲动与智力水平低到令个体无法有所建树的时候，就只能依赖于集体中其他成员的与之相似的重复行动才能有所增强。我们能够回忆起，在人类社会的一般组成成分中，这种依赖现象是多么普遍，这些社会机构中的独立精神、创造力以及个人的勇气又是多么匮乏；我们同样能想起，种族偏见、阶级仇恨、社会舆论等形式的集体心理状态是如何随心所欲地控制着每一个个体。在我们指出暗示并不仅仅来自首领，也来自每个成员之间的相互影响时，这种暗示就令我们更加捉摸不透了。我们有必要进行反思，因为在前面，我们过分地强调了成员同首领的关系而忽略了其他相互暗示的因素。

凭着这种谦卑自牧的态度，我们认真研究了另一种观点，它或许能够更简单地作出解释。这就是特罗特（Troteer）论聚居本能的严谨著作中提出的观点。这本书唯一让我感到遗憾的是，它并未能脱离现今这场战争①所带来的负面情绪。

---

①这场战争：指第一次世界大战。

根据特罗特的观点，上文中的那些集体中的心理活动特征来自于一种聚居本能（"群集性"），无论是人或动物，这种本能都是与生俱来的。他认为，这种群集性从生物学的角度来看与多细胞性相似，而且似乎是后者的延续。（力比多理论指出，同一种生物之间聚集起来形成日益复杂的组织结构，都是力比多的原始趋向的拓展延伸。[①]）当个体陷入孤独无助时，就会战战兢兢，没有安全感，这种儿童经常体会到的恐惧感似乎早就成为聚居本能的表现形式了。与集体唱反调就意味着被孤立于集体之外，因此，人们对此小心翼翼。然而，集体是排斥新事物或者反常的东西的。聚居本能似乎是某种不可再分的基本元素。

特罗特指出了那些他所认为的基本的本能，譬如自我保存本能、营养本能、性本能，以及聚居本能。在通常情况下，聚居本能会与其他本能相对立。负罪感和责任感只会出现在群居动物之中。特罗特认为，在精神分析中出现的那种自我中存在的压抑力量同样来自聚居本能。同样，精神分析治疗时医生所遇到抵抗亦是来自聚居本能。语言的重要性，是由于它有着使人们相互沟通的自然趋向。而个体之间相互以他人自居的现象也是以这种趋向为基础的。

勒邦主要的研究对象是具有代表性的短暂存在的集体形式，麦克杜格尔则致力于对稳固的集体形式的研究，而特罗特则以普遍的集体

---

①请参阅我的《超越快乐原则》——作者原注

形式为研究重点。人作为政治动物[①]，一生都要在这种集体形式中度过。特罗特向我们描述了这种集体形式的心理学基础，但由于他认为聚居本能是不可再分的基本本能，所以他并不赞同对聚居本能的起源的探究。他还提到了波瑞斯·辛迪思试图将聚居本能的源头归于暗示感受性，幸而这对他来说是徒劳的。这种观点让人熟悉却又不能使人信服。而与之相反的观点，即暗示感受性来源于聚居本能的看法，我认为或许会在这个问题上为我们带来更多的启发。

虽然特罗特的理论较为正确，但还未触及到一个问题，即首领在集体中的影响力。因此，我们宁肯采纳它的反面，即对集体中首领的作用视而不见的做法是不可能揭示一个集体的本质的。特罗特的聚居本能理论完全否认首领在集体中的作用，而将首领的出现看作是偶然事件。这种聚居本能理论，还是未能将这种本能与对一个上帝的需求联系起来，这个牧场并没有牧羊人。此外，我们还可以站在心理学的角度来推翻特罗特的理论。这意味着，无论如何都可以证明聚居本能并不是不可再分的。它绝非自我保存本能与性本能那样的基本本能。

当然，追溯聚居本能在个体中的产生情况并不容易。然而，儿童在孤立无助时所表现出的那种恐慌不安——在特罗特看来它已经属于聚居本能的表现了——却更让人容易联想到另一个观点。最初这种不安与他的母亲有关，到后来则与其余熟悉的人有关。它是一种欲求

[①]亚里士多德在《政治学》中提出："人类自然是趋向于城邦生活的动物（人类在本性上，也正是一个政治动物）。"

不满的表现，但这个小孩只能通过将它转化为焦虑来消除它。①当儿童因孤立无助而感到恐惧不安时，任何在他面前出现的陌生的"群体中的某个成员"，都不能让他平静下来，甚至与此相反，这种"陌生人"的接近也会使他感到恐惧。因此，在很长一段时间内，在儿童身上没有出现任何带有聚居本能或集体感情性质的东西。带有这些性质的东西最初的萌芽是在幼儿园。在这里，许多小孩子聚在一起，同时孩子与父母之间的联系也中断了。所以，这类性质的东西就开始萌芽，就像年龄较大的孩子由于嫉妒较小的孩子而采取的方式一样。前者渴望将后者同父母隔开，取消他所拥有的一切特殊待遇。然而，当他意识到，父母对这个小孩（以及后来诞生的弟弟妹妹）的爱与对他自己的爱是同样深情的，所以他不可能既保持敌意又不危害自己的时候，他就只好妥协，以其他的孩子自居。就这样，孩子们之间建立起一种共同的情感，这种情感在学校延续下来并得以发展。这种反向形成②的首要要求是，必须维持公平，对所有人必须一视同仁。正如我们所知，孩子们的这种诉求在学校里是如此强烈和常见。一个人，当他自己不能集万千宠爱于一身的时候，那么别人也休想。在幼儿园或者教室里的这种以集体情感取代个人嫉妒的转化现象，如果不是后来

---

①参考我的《精神分析引论》第25讲中有关焦虑问题的文章。——作者原注

②反向形成：心理防御机制之一。指个体无意识中把某些不被许可的内心冲动、欲望转换为某种相反的行为，以减轻、消除不断增强的自我焦虑。如爱某人，却用攻击、拒绝来表现。

在其他境况下也被我们观察到的话，还不一定能够得以确定。我们只需在脑海里想象这样一种境况，一群少女和妇女都狂热地对某一位歌手或演奏家心生爱慕，在这个人演出结束时，她们一拥而上将他簇拥起来。她们中的每一个人都极易对别人心生妒忌，然而在如此巨大的人数的情况下，并且心知这样可能将会妨碍她们追求所爱时，她们便妥协了，消除了嫉妒之心，没有去揪住对方头发，反而凝聚为一个行动统一的集体，以她们整齐的行动对偶像示爱。甚至还有可能会欣喜若狂地分到他掉落的几丝头发。最初她们互为竞争对手，现今却能够在对同一对象的相似的爱的作用下成功地以他人自居。通常，当一种本能可能会导致多种局面的时候，那种最终出现的局面必然能够带来某种满足，对此我们毫不诧异；而另一种局面，虽然它本身的满足更加直接，但却由于外界环境的阻挠而无法实现。

后来人类社会中的"共产精神"之类的东西，就是源于最初的嫉妒心。出类拔萃是不被允许的，人人都应平等，拥有等量的财产。社会的公平指的是，因为我们自己摒弃了许多东西，所以别人也不应当需要它们，或者说，别人也不应当拥有它们，两种说法都可以。社会道德和责任感就是来源自这种对平等的诉求。它竟会在梅毒患者担心别人被自己传染的情况中出现。对于这种情况，我们已经在精神分析法中学会了如何进行剖析。这些可怜的病人忧心忡忡，这恰恰符合他们对自己想将疾病传染给别人的那种无意识的顽强抵抗的状态。因为，为何只有他们才被传染上这种病，与世隔绝？为何别人能够幸免？在所罗门书里的一些故事也出现了这种情况的影子。假如一个妇女的小孩死了，那么其他人的孩子也不能活。人们在这个丧失孩子的妇女的身上发现了这样一种愿望。

因此，社会的情感就是建立在这种反向转化的基础之上的，最初是敌视的情感，后来逐步转化为自居作用式的积极的情感联系。到现在为止，在我们所探讨的事例的过程中，这种反向形成似乎是在与该集体外的某人之间的一种一般情感联系的作用之下发生的。在对自居作用的研究上，我们并不认为自己的分析足够详细周密。但是，对于目前我们探讨的问题而言，只需重审这样一个特性就可以了，即要求普世平等的特征。在对两种人为构成的集体形式——教会和军队的探讨中，我们已经了解到，它们得以形成的前提是所有成员都沐浴在首领所给予的同等的爱之中。然而，我们也应当牢记，在一个集体中，平等的诉求的适用对象只是其中的成员而非它的首领。集体内的成员人人平等，它们可以相互以他人自居，但有唯一一人凌驾于众人之上——我们在那些长久牢固的集体中能够观察到这些特征。现在，我们可以勇敢地来纠正特罗特的一个观点。他将人描述为一种群居动物，但在我们看来，人是一种部落动物，是生活在由某个首领统治的部落中的个体。

第十章　集体和原始部落

　　1912年，我引用了达尔文的一个假设，它的大体观点是：原始社会是处于一名强大的男性的独裁之下的一种部落形式。我试图说明，这种部落的特性已经在人类的历史长河中留下了永恒的烙印。特别是，那种导致了宗教、伦理以及社会组织的形成的图腾崇拜的发展，与弑杀首领、将家长制的部落转变为互为兄弟的集体组织的这类事件息息相关。[①]当然，这只是一种假设，与考古学家对史前时代的假设是一样的。一位善良的英国批评家打趣地将它喻为"货真价实的

---

　　① 《图腾与禁忌》——作者原注

故事"，但是，在我看来，如果这个假设能够帮助我们理解越来越多的新领域中的新现象，那么它还是可信的。

人类的集体中不断地重复着这种老场面，一个出类拔萃的人统治着一群相互平等的兄弟。这幅画面我们在原始部落中已然见过。这种集体心理，正如我们前面所讨论的，蕴含着这样一些状态：有意识的个人人格的消失；思维与情感专注于同一个目标；无意识的心理活动与情感活动登上前台；人们很容易将头脑中刚冒出的想法付诸实践。一切的这些现象都表现为退居到原始心理活动的状态，那种我们在原始社会中所处的状态。[①]

有鉴于此，这种集体其实就是原始部落的再现。正如每个个人的内心都存在着原始人一样，原始部落的形式也有可能会在任何偶然形成的群体中再现。据我们观察，由于人们对集体形式的依赖，原始部落在这种形式中得以延续下来。我们确信，集体心理乃是人类自开天辟地以来最原始的心理。被我们从集体心理中攫取出来的个体心理，

---

①将前面我们所指出的人类的普遍特征放在原始部落形态中尤为合适。个人的意志因其弱小而毫无作为。集体冲动是唯一一存在的冲动。只有一个共同目标而不存在个别的意愿。一种观念，在没有被广泛输出而使自身产生增强感之前，是绝不会越雷池一步而付诸行动的。对于观念的这种畏缩不前，我们可以用这个部落的成员之间共同的情感纽带的力量来解释。不过，成员共同居住在同一种环境下，以及他们之间不存在私有财产的这些状态也有助于统一的心理行为的形成。就像我们在儿童和军人中所看到的：在排泄功能上他们甚至也有着统一性。然而，唯一的严重特例是性行为，因为第三者在这里是多余的，如果情况更糟糕些的话，人们会认为它将带来一种痛苦盼望。有关（为了生殖的目的）的性诉求对群集性的负作用，请参阅后文。——作者原注

只不过是以一种循序渐进的、至今尚未能窥其全貌的演变从原始的集体心理中分化出来的。在后面的文章中，我们将会尝试对这种演变的起源作出大胆的探究。

再往下思考，我们将会明白这个观点需要修正的地方。与其相反，个体心理必然也如同集体心理一样原始。这是因为，从最初起就存在着两种心理：集体心理和个体成员的心理，以及族长、头领或首领的心理。正如我们现今所见，集体中的各个个体是受到情感联系的束缚的，但原始部落的族长则例外。甚至在他单独一人时，他的智力活动也是强而有力并且不受他人干扰的，他的意志无需他人的肯定。假如要维持理论的统一，我们就可以断定，力比多联系并不存在于他的自我中，他所爱的只有他自己，或者说，只有那些满足他需求的人。唯有在迫不得已的情况下，他的自我才会对对象进行精力贯注。

这类人，曾经以"超人"①的身份出现在人类历史的初期，而尼采正是盼望这种超人的出现。直到今天，一个集体中的成员仍然误以为他们得到了首领平等无私的爱。然而，这个首领却自认为没有必要爱别人，他有可能极为专制，并疯狂地自恋着，自信心十足，绝不依靠他人。我们知道，爱的产生使自恋受到遏制；同时也知道，或许能够解释爱是怎样通过遏制自恋而成为一种文明属性的。

---

①超人：德国哲学家尼采的哲学范畴。指超乎普通人之上的上等人,权力意志和天才都达到顶峰的人。他指出:一切生物都创造了高于自己的生物、种类。超人之于人正像人之于猿猴。人类只不过是连接兽与超人之间的一根绳索。

在原始部落中，族长并非像后来所虚构的那样长生不老。一旦他死去，就需要有人继承他的位置，在一般情况下是由他最小的儿子世袭。在承袭父位之前，他同其他族人一样，只是集体中的普通一员。因此，此时就必定存在着从集体心理过渡到个体心理的可能性。我们需要找出使这种过渡顺利进行的基础，就像找出蜜蜂能够使其幼虫成为蜂王而不是工蜂的基础一样。对此我们只能作出一种猜测：这位原始部落的族长对他的儿子们的性活动加以遏制从而达到禁欲的状态，于是在他们与父亲以及他们兄弟之间形成了情感联系的纽带，这种联系源于他们那些遭到禁止的性冲动。换句话说，他裹挟着他们卷入集体心理中，他的性妒忌和狭隘最终成为了集体心理的原因。[①]

他的继承人也有可能获得性的满足，并由此获得一种逃离集体心理的方法。对女性的力比多贯注，以及不需任何迟滞或积累的满足的可能性，消弭了他的那些受到抑制的性活动所起到的至关重要的作用，使他的自恋性得以维持在最高状态。在后面的附录中，我们将会继续讨论爱与性格形成之间的关系。

我们必应当强调一下人为构成集体的玄机与原始部落的约俗之间的联系，因为这种联系意义非凡。正如我们所见，在教会与军队里，这种玄机即如下错觉：首领对所有人施以一视同仁的爱。然而，这只

---

①或许也能这样假设，当这些儿子们被父亲逐出家门或摆脱父亲之后，他们之间的相互自居状态就演进为同性之间的对象爱，通过这种方式，他们获得了弑父的自由。——作者原注

不过是重塑了理想化的原始部落状态。在原始部落中，所有儿子都明白，他们同样也受到了族长的迫害，他们都同样畏惧他。此后的人类社会形态，即图腾部族，同样将这种重塑作为自身存在的基础，并以此构架了普世的社会责任。作为一种天然的集体形式，家庭坚如磐石，因为它存在的基础即平等的父爱在家庭中彻底地实现了。

然而，我们希望在这种将集体视为原始部落形态的延续的观点中取得更大的进展。这个观点还应当有助于我们理解那些在集体形式下神秘未知的东西——这些东西都封存在"催眠"以及"暗示"这些神秘的词汇之中。对此我抱有信心。让我们来回想一下，在催眠过程中，存在着某种积极的、匪夷所思的症状，但这种特征暗示着某种被压抑着的原始的、为我们所熟悉的东西。[①]让我们将目光放在催眠的过程上。催眠师声称，他拥有一种魔法力量，能够解除被催眠者的意志，换句话说，就是被催眠者对他的这种魔力坚信不疑。这种神秘的力量（即使在现在被人们称为"动物催眠术"）必然就是那种被原始人视为禁忌源头的力量，是那种来自族长或者首领身上的力量，那种一旦靠近它就会陷入危险之中的力量。据传催眠师拥有这样的能力，那么他是如何施展魔力的呢？他让被催眠者凝视着他的眼睛，他的目光就是最具有代表性的催眠手段。但是，这也正是使原始人忐忑不安的来自族长的目光。即使是摩西，也只能充当上帝与他的选民之间的

---

① 请参阅《匪夷所思性》。——作者原注

中介者，因为上帝的目光是人们无法承受的。当摩西从上帝处返回时，他的脸上光芒四射——已经有一部分吗哪①传给了他。在原始人中也有这种中介者的存在。②

当然，催眠还有其他的方式，譬如长时间盯着一个发光体，或听着一段单调的曲调。但这极易混淆人们，并成为有待完善的心理学理论体系的契机。实际上，这种催眠方式的原理只不过是转移了注意力，从而使其集中在一点上。就如同催眠师对被催眠者说："你现在只需将注意力集中在我的身上，将其余的都抛诸脑后吧。"如果一个催眠师像这样说，那么他并非一个高明的催眠师，因为这会迫使被催眠者摆脱无意识状态，从而刺激他产生有意识的抵抗。催眠师应避免将对象的有意识思想集中到自己身上，而应当使他忘掉周围一切地投入到一种活动中来，与此同时，这个人实际上是在无意中将全部注意力都集中到了催眠师的身上，从而进入了一种心静如水的境界，或进入了一种向他移情③的状态。这种间接的催眠方式，与很多人讲笑话的技巧一样，都会抑制某些参与无意识心理活动的能量的分布，从而

---

①吗哪：《旧约圣经》中记载，这是一种小而圆的东西，是上帝所赐的食物。其白如霜，与露同降 (民数记11:9),露气上升之后,见于地面 (出埃及记16:14),味如蜜饼,也如新油。犹太人食吗哪四十年，直到进入应许之地迦南。

②请参阅《图腾与禁忌》中的引用资料。——作者原注

③移情：精神分析术语，指病人将自己对父母或其他重要人物的情感转移到治疗者的身上,并相应地对治疗者作出反应的过程。对移情的了解和解决是所有精神分析疗法的基本成分。弗洛伊德曾把移情看作是治愈病人的主要手段。荣格最初同意弗洛伊德的看法,但后来他认为移情在治疗中的重要性是相对而言的。

最终达到与凝视或敲打等直接方法同样的效果。[①]

费伦采发现，通常，在催眠过程中，当一名催眠师开始下令入眠时，他就已经将自己置于被催眠者的父母的位置。他认为，有两种催眠术必须加以区分，一种是母亲式的哄骗和抚慰，一种是父亲式的恫吓。入眠只是为了使被催眠者摆脱周围一切干扰而专注于催眠师。被催眠者正是如此理解的。因为这种将注意力从外界转移的现象正是睡眠状态的心理学特征，而睡眠状态和催眠状态之间紧密的联系正是以这种现象为基础建立的。

遗存在被催眠者内心中的一些东西，被催眠师用一些方法唤醒了。这些东西曾经迫使他服从父母。同时催眠师还再现了他与父亲的关系的情境。于是，对一种至关重要的、危险的人格的态度被唤醒了，面对这种人格，只能采取一种战战兢兢的被动态度，它掌控着人的意志。与这种人独处时，"直视他的眼睛"被认为是一种危险的举动。只有通过这种方式，我们才能将原始部落的族长与其成员之间

[①]当被催眠者有意识地将注意力集中在某种单调重复的知觉上时，他的情感无意中开始以催眠师为对象。在精神分析治疗中同样会出现这种现象。值得一提的是，在每一次精神分析的过程中，下述情况都会出现：患者坚持认为，此时他丧失了一切确定实在的观念，他的联想能力也不起作用了，以往刺激联想能力工作的东西失效了。假如分析者坚持不让步的话，那么最后他会不得不承认，他脑海中浮现的是病房窗外的风景、出现在他眼前的墙纸，或是悬挂在天花板上的汽灯。此时，我们立刻发现，他正处于移情中，他沉浸在与医生相关、但仍旧是无意识的思想之中不能自拔。然而，当我们将这些缘由告诉他以后，他的联想能力障碍立刻就消失了。——作者原注

的关系展现出来。正如我们在其他现象中观察到的那样：在个人的身上，回归这种状态的趋向程度不同地存在着。有一种看法是，催眠无论如何都只是对过往状态的不稳定再现，是一种游戏。这种观点或许略显保守，它注意到，在催眠中，对因意志的作用被阻碍而产生的一切过于严重的后果，都会存在着一种抵抗的行为。

对于暗示现象中表现出来的集体形式的匪夷所思性和独裁性，我们有理由将它的起源与原始部落联系起来。在这个集体中，首领仍然神似令人畏惧的原始部落族长，这个集体仍然向往着一种独裁的专制统治，仍然极度向往着至高无上的统治者，用勒邦的话来说，它渴望被奴役。原始部落的族长就是这个集体的典范，这种典范以自我典范的形式统治着自我。我们完全可以将催眠的情境看作由两个人构成的集体。对"暗示"一词的定义是：它是一种不以知觉感受和逻辑推理为基础而以爱的联系为基础的信以为真。[1]

---

[1] 在此，我认为有必要强调一下，本节的探讨已经使我们与伯恩海姆的催眠观点背道而驰，我们回归到了一种更为古老的朴素观点。伯恩海姆认为，一切催眠现象都应当归结到暗示上。但是，暗示本身是无法得到进一步阐释的。而我们的观点是：暗示只是催眠状态的一种局部表现，催眠本身则完全建立在某种原始遗存的趋向的基础之上。自人类早期的家族发展史以来，这种趋向就一直存留于无意识之中。——作者原注

第十一章　自我的等级划分

假如我们利用那些权威、互补的集体心理学理论来审视一个个人在当今的生活状态，那么此时呈现在我们眼前的错综复杂的景象，将会使我们丧失对其进行提纲挈领的信心。每个人都身处无数多的集体之中，在很多方面都受到自居作用联系的制约，他已经依据形态各异的模板来刻画出了自己的自我典范。因此，每个个人与众多的集体心理都有联系，譬如种族心理、阶级心理、信仰心理、民族心理等等。当然，他也同样能够超越这些心理，成为独立的、富有创造性的人。像这样的一些集体形式，它们的稳固和持久，以及相同不变的结局所给研究者带来的冲击并不见得比另一种集体形式更加强烈。这种集体形式就是那种突然形成而又突然解体的集体形式，勒邦曾在心理学特征上对其集体心理作过一番非凡的综述。正是在这种转瞬即逝的、似乎超越了其他形式的集体形式之中，我们所了解的那种个性湮灭在集体的汪洋大海之中的奇迹呈现在我们眼前，即使这个过程极其短暂。

这种奇迹代表着：个人用首领所代表的集体典范来取代了他的自我典范。但我们需要解释的是，这种奇迹并不是在所有场合都那么明显。在许多个人的身上，自我与自我典范混淆不清。自我常常会保留它早期的自恋性满足的特性，这种特性有助于首领的选举产生。这个首领通常只需具备典型的个人品质，只不过这些品质在形式上要显得更加显著和纯粹一些。他只需要给人一种更强大的力量和更随心所欲的力比多特征的印象，人们就会因为对强大头领的渴望而将他捧上神坛。在其他情况下，他是无权提出这些请求的。只有通过这种方式，这个集体中的成员的自我典范才能完整不变地体现在他的个人身上。这些人同其他的人一起彻底地为"暗示"作用所支配，即自居作用的支配。

我们知道，在阐释集体的力比多结构的研究中所贡献出的成绩，无疑会使我们回归到区分自我与自我典范上，回到使这种区分成为可能的相互联系上，即自居作用与对象被置于自我典范的位置之上。这种将自我中等级的区分作为对自我的分析的着手点的观点，理应在充满分歧的心理学领域中逐渐取得公认的地位。在我的论自恋的文章中，我已经将所有有关病理学的资料综合起来，目前，这些材料都能够拿出来证明这种自我等级区分的理论。但人们或许更希望看到，随着我们对精神病心理学的研究越深入，这种理论的意义就会越重大。让我们回忆一下，现在自我已经处于对象与自我典范的关系之中，而后者正是从自我中演化出来的。在神经症的研究中，那种外部对象与作为一个整体的自我之间的相互作用，很有可能在自我内部的这种崭新的活动环境中再现出来。

在此，我将只根据从这种观点中得出的一个结论来重新讨论我在别的文章①中被迫遗留下来的问题。据我们所知，每一次心理的分化都会加剧心理功能的负担，使它变得不稳定，甚至崩溃。换句话说，就是会引发一种疾病。所以，从我们呱呱坠地的那一刻开始，我们就从一种自恋的满足状态逐步进入到感知瞬息万变的外部世界的状态，进入到感知对象的状态。与此有关的现象就是，我们无法长期性地忍受外部世界的变化状态，于是在睡眠中我们时常重温从前那些远离刺激和对象的状态。然而，实际上我们一直都遵循着某种来自外界的指引，利用昼夜交替的变化来消除我们所遭受的种种刺激。这种状态的第二个例子从病理学上来说更为重要，但它并不具备这样的性质。在我们的发展过程中，我们已经将自己的心理实体分化为一个统一的自我与一个自我之外的被压抑的无意识部分，如我们所料，这种新形成的系统的不会太稳定。在梦和神经症中，这些被排斥在外的东西就会

① 《忧伤和忧郁症》——作者原注

叩门试图进入。然而，会有一种抵御的力量压制着它们。在我们醒着的时候，有时会利用一种特殊技巧来使这些被压抑的部分打破壁垒，暂时进入到自我之中，以此获得快乐。逗趣、幽默，以及一些普通的喜剧效果，都可以被看作是这种形式。每个了解神经症心理学的人都会回忆起一些相似的但无足轻重的事例，但是我只关心我所见到的实际运用的情况。

自我典范与自我的这种分离状态是不能持久的，它会被暂时性地打破。在一般情况下，对自我的一切压制和禁忌会被周期性地打破。这种状况在节日上表现得尤为突出。所谓的节日制度，不过是一种合法的放肆，节日的狂欢气氛正是源于这些放肆行为所释放的东西。[1]古罗马的农神节与现代人的狂欢节以及原始人的节日都具有上述特征。这些节日，通常是在恣意狂欢和践踏神圣戒律中拉上帷幕的。由于自我典范囊括了自我必然承认的所有限制，这种典范被取消便造就了自我的狂欢，此时，自我再次获得满足。[2]

一旦自我中的某些东西符合自我典范时，就会产生一种巨大的喜悦。而负罪感（以及自卑感）也被看作是自我与自我典范之间的不和谐关系的表现。

---

[1]《图腾与禁忌》——作者原注

[2]特罗特将压抑作用归结于群居本能，而我在论自恋性的文章中则写到："对自我而言，自我典范的形式就会成为压抑的基础。"此时我的论述方式虽与特罗特不同，但并不矛盾。——作者原注

众所周知，一些人的情绪会从极度低迷状态经过中间点摆动到极端亢奋的状态，呈现周期性的变化规律。这种单摆的幅度差异很大：从刚能被察觉的轻微摆动到十分明显的剧烈摆动。这种剧烈的摆动以忧郁症和躁狂症的形式表现出来，给患者的生活带来痛苦。在这种典型的周期性低迷的病例中，并没有起决定作用的外因，同时在患者身上也没有发现什么内因，他们并没有什么与别人不同的地方。于是，人们已经习惯性地将它看作是非心因性的疾病。现在，我们要讨论的是另一些相似的周期性低迷现象，并能毫不费力地将它归结于心理上的创伤。

如此一来，这种自发的情绪波动的起因未知，我们对躁狂症替代忧郁症的方式不得而知，因此，我们可以不受阻碍地这样来假定：恰好能将我们的假设放到这些患者身上——他们的自我典范在苛刻地限制自我之后短暂性地融入自我了。

我们再梳理一下脉络：根据我们对自我的解析，可以确定的是，在躁狂症中，自我已经与自我典范融为一体了，导致患者骄傲自满、躁动亢奋，完全不理会自我批评的必要，他的自控、他对他人的体谅以及他的忏悔之心都烟消云散了。相反，忧郁症则是自我中的这两种力量的剧烈碰撞的表现形式，虽然并不显著，但却有很大的可能性。在这种对立碰撞中，自我典范由于过度敏感而疯狂地谴责着陷入自卑与自责的错觉之中的自我。现在我们面临的唯一障碍是：对于自我与自我典范的关系变化，我们应当在上文假设的、对新系统的周期性重复中寻找原因，还是在其他环境因素中寻找原因。

忧郁症并不一定会转化为躁狂症。一些单纯的忧郁症从未发生过这种转化，它们有时一次性发作，有时周期性发作。

此外还有一些忧郁症显然是由外因引起的，它们出现在失去所爱的对象的时候。这个对象或许因为死亡，或许因为力比多的被迫撤离而不复存在了。这种心因性的忧郁症最终会转化为躁狂症，并会像自发性病症那样，极易出现多次的反复循环。因此，这一切都还不太清楚，特别是精神分析学家只研究过少数形式的忧郁症病例。迄今为止，我们只对那种抛弃了对象的病况有所了解。因为对象已经表明自己不值得被爱，所以被否定了。后来，在自我的内部又重塑了对象，自我典范严厉地批判了它。这种对对象的直接性的谴责和批判以忧郁性自责的形式进行。①

这种忧郁症也有可能通过转化为躁狂症而消失。因此这种偶然发生的现象不具有其他临床的特征。

然而，我们完全可以将心因性和自发性的这两种忧郁症的病因看作是：自我对自我典范的周期性抗争。在自发性忧郁症中，自我典范因为易于变得严苛而导致其功能暂时中断了；而在心因性忧郁症中，自我因为受到了自我典范的迫害而奋起反抗。这种迫害出现在它以被否定的对象自居时。

---

①更准确地说，这种谴责和批判都蕴藉在对自我的批判之中，从而使这种自我批判带有忧郁症患者的自责所特有的偏执、冥顽不化的特征。——作者原注

第十二章　附录

在前面的文章中，我们得出了一个暂时性的结论。在这条探索之路中，我们遇到了很多十字路口，当时我们都是避开了那些路的。然而，它们中的大部分都能为我们带来新的启示。

（一）自我以对象自居或者用对象取代自我典范，关于这两者之间的差异，我们可以在最开始研究的两种人为的庞大集体形式——基督教会与军队中找到有趣的说明。

当一名士兵以与他地位平等的人自居，同时从他们的自我结合体中获得了那种互帮互助和平均分配的兄弟式的责任时，他实际上是将他的上级、这支军队的统帅放在了自我典范的位置上。然而一旦他试图以统帅自居，就会使人觉得滑稽可笑。在《华伦斯坦斯的军营》中的那个军曹，就是因为这个原因而被人嘲讽的：

> 瞧瞧他咳嗽的那格调，
>
> 瞧瞧他吐痰的那风采，
>
> 这伙计还学得挺像那么回事！

　　在基督教会中却不会发生这样的事。每一名基督徒都热爱着耶稣基督，将他作为自我典范，并感到自居作用将自己与其他教徒联系起来。但教会对信徒的要求更高：它要求教徒必须以基督自居，像耶稣基督一样地去爱其他所有的基督徒。于是，对于集体形式决定的力比多的作用位置，教会在两个方面都提出了补充加强的要求——在有对象爱的地方应补充自居作用；在有自居作用的地方应补充对象爱。显然，这种补充已经不属于集体构造的范畴。一个人可以成为一名优秀的基督徒，却绝不会产生以基督自居的想法，绝不会像基督那样怀有对全人类的博爱。这是因为，一个微不足道的凡人，没有必要要求自己成为伟大博爱的救世主。但在这种集体形式中，力比多分配的进一步发展或许正是基督教以非凡的伦理水平自居的原因。

　　（二）我们曾提到，在人类心理的演变过程中，集体中的个别成员从集体心理向个体心理转化的临界点是值得我们仔细研究的。

　　为此，我们需要暂时回到有关原始部落父亲的科学神话上来。后来，人们将这位父亲尊为创世者，这是完全合乎情理的，因为构成第一个集体的人都是他的儿子。所有的儿子都以他为典范，并且对这个典范既敬且怕。这后来成为了禁忌观念的起源。这个集体中的个体们联手杀死了这位父亲，将他挫骨扬灰。然而，此时的集体中无人能够取代父亲的位置，一旦有人动了这个念头就会引发新的战争，直到最后，他们终于明白了没人能够独享父亲的地位。于是在他们之间就形成了一种崇拜图腾的兄弟部落，所有成员的权力平等，图腾的约诫将他们统一起来，而这些约诫则是对谋杀者的一种记忆和救赎。但人们永远欲壑难填，这就促进了新的演化：在这个兄弟部落中，人们逐渐在更高的起点上努力回归事物的原始状态，男人再一次成为家庭的统治者，推翻了在无父亲时期建立的母系统治。此时，他或许会通过对母神的承认来对此进行弥补，这些女神的祭司都要被阉割，这是对原始部落的父亲的模仿。尽管如此，这个小家庭只不过是原始部落的缩影，它有着众多的父亲，每一个父亲都受到别的父权的压迫。

此时，或许会有一个人有目的地使脱离了这个集体，承袭了父亲之位。这个人就是最初的史诗诗人。他在凭空想象中完成了这个壮举。这位诗人按自己的意图虚构事实。在他笔下的英雄史诗中，英雄单枪匹马刺杀了自己的父亲，在这个神话中，父亲依旧是一种图腾化的怪物。就像父亲曾是儿子的第一个自我典范那样，这个诗人也要为觊觎父位的英雄树立第一个自我典范。英雄几乎都是幼子，他是母亲的心头肉，在母亲的庇护下躲开父亲的妒忌。在原始部落时期，他也曾经是父位的继承人。以前作为战利品和引发争夺的女人，在上古时代虚幻的诗歌幻想中或许会化身为罪恶的诱惑者和唆使犯。

这个英雄宣布，他单枪匹马就完成了整个部落才能完成的丰功伟绩。然而，兰科早已在童话故事中发现了那个被隐瞒的事实的蛛丝马迹。在童话中，那个肩负重要使命的英雄人物（通常都是幼子，他一向以驽钝的形象出现在父亲面前，即给父亲以毫无威胁的印象），经常需要借助一群小动物、小蚂蚁，或者小蜜蜂之力才能达成使命。而这些小动物，其实就是原始部落的兄弟们，就像以相同的角色出现在梦中，象征着兄弟姐妹的昆虫或者害虫那样（它们从轻蔑的角度来看是婴孩的象征）。而且，神话和童话故事中的每一个这样的使命，都明显是这种英雄个人成就取代集体成果的形式。

所以说，神话使个人得以脱离集体心理。最古老的神话必然是心理神话，也就是英雄神话。至于自然神话则要在这之后很久才会出现。这位诗人（正如兰科在进一步研究中所发现的那样）虽然利用这种方法在虚构中成功地逃离了集体心理，但他同样也能使自己所虚设的英雄伟绩回归到集体成果之中。事实上，这个英雄正是他自己。因此，他把自己放在了现实的泥地里，而将他的听众捧上了虚幻的云端。但这些听众与他心心相印，因为他们都对原始父亲心怀妒忌，他们能以这位英雄自居。[1]

---

①请参阅汉斯·萨克斯1920年的著作。——作者原注

英雄神话的发展最终将会导致英雄的神化。神化的英雄的登场时间或许比父神更早，并有可能是重新肯定原始父亲的神位的先行者。所以应当这样排序：母神——英雄——父神。只不过，由于这个令人刻骨铭心的原始父亲的神化，这种父神才会具备至今仍能观察到的种种原始父亲的特征。[1]

（三）在正文中，我们讨论了直接的性本能和受抑制的性本能的问题，但愿不会遭遇太多的非议。然而，对此再作进一步的阐释，就算只是重复旧论，也是合情合理的。

儿童的力比多的发展情况为我们提供了最原始的目的受抑制的性冲动的典型例子。儿童对父母和抚养他的人所产生的一切感情，都会轻易地转化为一种诉求，这种诉求代表着儿童的性冲动。凡是儿童所知道的示爱方式，他都会向他所爱的对象索求：亲吻、爱抚、深情的凝望。他宣布要娶走母亲或乳母——即使他对婚姻一无所知。他还要把父亲当作婴孩，诸如此类。在儿童身上，亲情和妒忌相溶，各种性的意愿也交织融会为一体。对力比多的研究还向我们表明了：儿童是怎样将他所爱的人以一种朴素的形式转化为他那尚未聚合完整的性倾向的对象的。[2]

儿童最初的爱情以典型的俄狄浦斯情结的形式存在。我们知道，

---

①我不想在这段短论中援引那些传说、神话、童话以及民俗历史中的例子来支持自己的论点。——作者原注

②参考我的《性学三论》。——作者原注

从蛰伏期的最开始阶段，这种爱情就受到抑制，那些抑制之外的东西使它成为一种纯粹的温柔情感，虽然对象未变，但是已经被视为与"性"无关了。直指人心深处的精神分析理论显示出，儿童身上最原始的性联系保留了下来，只不过被压抑为无意识的东西罢了。精神分析法使我们笃定，任何情况下的这种温柔情感，都是与对象或对象模板的对象性联系的延续。假如未曾着重研究，我们无法推测出在这种先天的完整性倾向在某种特定环境下究竟是被压抑了还是被消耗殆尽了。准确地说，我们可以断定这种性倾向仍然存在着并能够汇聚起来，以退行的方式重返舞台。唯一不能判定的是（这并不是每次都能得到解释的），到现在它还所拥有多少能量和活力。在此，同样也需要杜绝两种错误——斯基那（Scylla）忽视了被压抑的无意识的重要性，而查瑞迪斯（Charybdis）则完全从病理学的角度来对常人加以判断。

那种不能对被压抑的东西进行深入认知的心理学，自始至终都将这种温柔的情感联系视为与性无关的冲动的表现，即使它承认是带有性目的的冲动引发了这种情感联系。[1]

我们有理由相信，这种情感联系已经从性目的上转化为其他目的，即使目前还很难在元心理学上对此作出解释。再者说，这些目的受抑制的本能仍然保留着原始的目的，即使是一位虔诚的信徒、挚友

---

①毫无疑问，厌恶的情感在成分上要更复杂些。——作者原注

或崇拜者，对于他以"保罗"式的情感爱着的人，也同样会怀有肉体的接触和窥探的欲望。我们可以将这种性目的的转化视为性本能升华①的发轫，或者将升华的界限提高些。受抑制的性本能在作用上优于不受抑制的本能，它们那种无法得到彻底满足的状态在建立永久性的联系方面尤为适合。相反，那些未受抑制的性本能会随着欲望的满足而逐渐消耗，只有等待新的力比多的积累才能重返活力。于是在这期间，对象很有可能已经改换了。这两种本能能够在任何比例上进行混合，受抑制的本能能够转化为不受抑制的本能，正如后者转化为前者一样。我们熟知，导师与学生或演员与听众之间，在崇拜和欣赏的作用下，极易由友情发展为爱情，这种事在妇女身上尤为频发（参见莫里哀的"为了对希腊的爱，请吻我"）。实际上，这种开始时无目的的情感联系的发展通常会为性对象的选择铺平道路。在普菲斯特尔（Pfister）的《庆臣德尔福伯爵之虔笃》一书中，有一个清晰完整的例子，即一种狂热的宗教联系甚至也会轻易重新点燃性欲之火。而在另一方面，天生易夭折的直接性冲动通常也会转化为一种稳固的温柔情感联系，在热恋中开始的婚姻的长久维持很大程度上是以此为基础的。

对于下述情况我们并不讶异：当来自内部或外部的阻力遏制了性的满足时，从这些直接性冲动中就产生出了目的受抑制的性冲动。存

---

① 升华：心理防御机制之一。指将力比多转化为社会认可的成就（主要指艺术）的过程。精神分析学家指出，升华是唯一真正成功的防御机制。

在于潜伏期的压抑就是这样一种内部的阻力，更准确地说，就发展为这样一种内部的阻力。前面已经提到过，原始部落的父亲出于性妒忌和狭隘而对儿子们实施的强制禁欲，使儿子们之间建立起目的受抑制的联系。这个父亲垄断了性的享受权，并通过这种独享而免于任何联系的束缚。维持集体的稳固的那些联系都带有目的受到抑制的性冲动的特征。但我们目前要谈论的是直接性本能与集体形成之间的关系。

（四）上文的后两句论述使我们明白，对集体来说，直接性本能是有害的。实际上，在家庭单位的演变历史中也出现过集体形式的性交关系（群婚），然而，由于性爱对自我的重要性愈发突出，爱的属性也就愈发显著，它就愈发只限于两人之间——"捉对交配"——正如生殖目的的本性所要求的那样。而多配偶的愿望只好在对象的频繁更换中得以实现。

两个人为了性满足而结合，就他们对不受打扰的二人世界的追求来说，这种状态是对聚居本能，即集体情感的背叛。他们之间的爱意愈浓，得到的满足也就愈发彻底。羞惭满面是他们拒绝接受集体影响的表现形式。为了在选择性对象时摆脱集体联系的影响，最强烈的妒忌感便萌生了。只有当性彻底取代了爱情中的一往情深，矢志不渝时，两个人在众目睽睽之下的性行为才会出现，集体群交的事情才会发生，正如一场放荡淫乱的狂欢之中的那种丑态。但此时的性关系已经退行到了其原始状态。在这种状态下，爱是不存在的，在人们眼中所有性对象都是一样的。萧伯纳曾说过一句不和谐的名言：爱情无非就是过度夸大两个女人之间的区别而已。

　　大量事实证明，爱情不过是男女交欢之后才会出现的东西，因此性爱和集体联系之间的矛盾也是后来才出现的。这里看起来似乎与我们推测的原始家庭神话的状况不吻合，因为在我们的推论中，发生在原始部落的弑父行为归根结底是出于对母亲和姐妹的爱。很难想象这种爱并非原始的、未分化的爱，而是一种情与性融合的爱。然而，经过深入研究我们就会发现，这种矛盾的情况会成为我们理论的依据。弑父将会导致异族通婚制度——禁止与家族内那些儿时所爱慕的女性交媾。由此，在一个男人的情与性之间，就建立起了难以越雷池一步的深沟高垒。由于这种异族通婚制度，男性的欲火便只能发泄在一个他不爱的陌生女性身上。

　　在宏大的人为集体譬如教会和军队中，不可能将女性作为性对象。男女之间的爱的关系在这些集体中并不存在。即使在男女混杂的组织中，性别差异的作用也微乎其微。关于促使集体得以形成的力比多的性质属于同性还是异性的这个问题并无意义，因为它并非以性别为划分标准，它甚至完全不受力比多性心理的影响。

　　即使一个人在其余任何方面都狂热地陷入集体之中，直接性冲动还是能够留存他的一部分个人活力。一旦这种冲动变得无法遏制，那么任何一种形式的集体都会在它的撞击下土崩瓦解。基督教会虽然极为适合使它的信徒采取单身的生活，然而一旦陷入爱河，基督徒也有可能会脱离教会。同样，种族、民族之间的集体联系，社会阶层中的集体联系也会因为爱而中断，因此，它会深刻地影响着文明的进程。似乎可以断言，同性之间的爱与集体联系是能够相处融洽的，即使它是以不受抑制的性冲动的形式表现出来的——这个结论显而易见，对它的阐释会使我们偏离主题。

精神分析法对精神性神经症的分析表明，是被压抑着但仍具有活动迹象的直接性冲动引发了这些症状。要完善这个观点，我们需要补充说明这些症状的病因是：目的被抑制的性冲动，不过这种抑制并不彻底，或者说为重归被压抑的性目的提供了契机。因此，神经症患者孤僻离群，从一般的集体形式中脱离了出来。或者说，神经症就像爱情一样瓦解了集体，而在一些坚如磐石的集体形式面前，神经症的症状则有可能消失，即使不是永久性的，也会暂时性地消失。人们根据集体形式对神经症的治疗作用发展出许多合理的治疗方法，即使那些对宗教臆觉在文明世界中的绝迹扼腕叹息的人也不得不承认，只要这些臆觉尚能发挥余热，那么它们就能成为对抗神经症的有力武器。显而易见，那些维系神秘宗教和哲学教会的联系都是神经症的民间治疗方式。这一切都是以直接性冲动与受抑制的性冲动之间的差异为基础的。

当一个神经症患者独处时，就会不由自主地以自己的症状形式来取代那个摒弃他的宏大集体。他创造出一个虚拟世界，按自己的想象创造出宗教，创造出天马行空的社会，从而在此基础上重建各种人际关系、社会机制，这种行为无疑是直接性冲动占据主导地位所引发的。[1]

（五）最后，我们以力比多理论来对前文所谈到的诸如爱情、催眠、集体、神经症等状态作一个补充性的对比。

爱情，以共存的直接性冲动与受抑制的性冲动两者为根基，主体的一部分自恋性力比多被对象吸纳。爱情的天地只容得下自我与对象两个人。

催眠，与爱情一样只限二人，不同的是它是彻底以受抑制的性冲动为基础的，同时还将对象置于自我典范的神坛之上。

集体，在集体中这个过程被复杂化了，但从那些促成集体的本能来看，集体与催眠在本质上是相同的，并且它同样以对象为自我典范。不同的是，集体中还包含着成员之间的自居作用，而这种自居作用的形成或许是以成员之间共同的自我典范为基础的。

催眠和集体形式的状态都是人类力比多种系发生的历程中保留下来的东西。催眠采取的是原始倾向的形式。集体除此以外还采用直接幸存下来的形式。受抑制的性冲动代替了直接性冲动，在这两种状态中自我与自我典范发生了分离，而在爱情中这个进程早已开始。

神经症，不属于上述系统。它同样以人类力比多演化的某种特征为基础——在直接的性功能作用下出现的两次重复的开端，其中还包含一个潜伏期。[2]由此而论，神经症与催眠和集体形式一样，都具有

---

[1] 请参阅《图腾与禁忌》第二篇文章的起始部分。——作者原注

[2] 请参阅《性学三论》。——作者原注

一种返祖的属性。这种返祖特点在爱情中并不会出现，而是出现在直接性冲动还未完全转化为被压抑的性冲动的时候。它本身象征着一种矛盾对立，即在这种发展中被自我认可的本能和另外一些被压抑的无意识的、（正如其他被彻底压抑的本能那样）竭力寻求直接满足的本能之间的对抗。神经症的状况包含了自我与对象之间可能出现的所有状态，显得尤为繁杂。在这些状态中，既有保留对象的那种关系，也有摒弃对象或将对象纳入自我的那种关系，还有自我与自我典范之间的那种对立关系。

自我与本我

序

在《超越快乐原则》一文中，已经阐明了我的一些思想观点。本文旨在对这些思想进行更加深入的研究、探讨。我曾说过，对于这些思想，我抱有一种掺杂着些许悲天悯人的好奇心。在本文的某些章节，我尝试着从这些思想与观察到的实例的联系中推陈出新。然而，生物学并未给本文提供一些崭新的东西，这就使它在精神分析学上比《超越快乐原则》更加纯粹。它在本质上着重于提纲挈领而非思辨探究，看起来似乎胸怀大志。然而，它只是最简略的概论，这一点我十分清楚，但对此心满意足。

文中的论述涉及一些精神分析学还未纳入研究范畴的东西，并且这些论述必然会冲击那些精神分析学以外的学者或曾经的精神分析学家在批判分析学时所提出的某些观点。通常我总是将取得的成就归功于其他的一些学者，然而此刻，我毫无亏欠之感。如果时至今日精神分析学还未就某些事情提出真知灼见，这绝不是因为它无视它们的成就，或者认为它们无足轻重，而是因为它所选择的是一条与众不同的道路，目前这条路还未抵达能够对事物下定论的地步。而当这条路最后抵达时，别人所熟悉的事情在精神分析学家眼中已经面目全非了。

第一章　意识与无意识

这一章是类似于导言的论述，并不会提出并新的观点，而是不可避免地重复旧论。

将心理划分为意识与无意识，为精神分析学奠定了基石。只有在此基础上，精神分析法才有可能科学系统地剖析心理生活中的病理过程[①]，这些病理过程所具有的普遍特性同它本身同样至关重要。也就是说，**精神分析学并未将意识视为心理的主体，而是视为心理的一种属性**，或许会存在着别的属性与它共同出现。

[①] 病理过程：指不同疾病过程中的共有的机能、代谢和形态结构的变化。如发炎、脱水、发热、栓塞等变化过程。病理过程不是疾病，而是疾病的一部分。

假如心理学的爱好者都在阅读这本书的话，那么我应当对他们在此处停顿下来并合上书本的情况有所准备。这是因为，这里出现了精神分析学的第一句行话。存在着意识以外的心理的这种思想，对于绝大多数在哲学熏陶下成长的人来说简直就是匪夷所思，甚至荒唐可笑的，在逻辑面前根本站不住脚。我相信他们从未研究过这种思想的依据——催眠和梦的相关现象。当然，除了病理现象以外。在对梦和催眠现象的解释上，他们的意识心理学毫无作为。

"被意识"（being conscious）是一个基于最直接明确的知觉（perception）的纯粹描述性的名词术语。事实证明，一种精神属性（譬如观念）通常并非持续了一定时间的意识。与之相反，一种意识特征倏忽而逝，此时还作为意识的观念转眼间就脱离了意识，虽说在某些条件下它仍会恢复旧样。在这两种状态的间隙期，我们对于观念一无所知。我们可以将它看作是"潜伏的"（latent），也就是说它随时都能够成为意识。假如我们将它视为无意识（unconscious），我们也应当准确地描绘出它的轮廓。在这里，"无意识"与"潜伏的并且可以成为意识的"是同一个意思。对此，哲学家们肯定会驳斥道："荒谬，'无意识'这个概念不应当出现在这里；潜伏的观念绝对不属于心理的范畴。"在这个问题上的反驳只会将我们引入毫无意义的文字游戏上。

但是，我们从另一个方向得出了"无意识"这个术语，即在对一些东西的研究中发现，心理动力学①发挥了一定的作用。我们发现，存在着一种强大心理过程或者观念（在此，数量的或者经济的因素首次被纳入考虑范围），尽管它们并非意识，但却能在心理活动中像普通观念（包括那些具有成为意识的潜力的观念）那样发挥作用。在此我们没有必要复述旧论，只需说明精神分析学在这个问题上的定论：这些观念在某种力量的压制下不能成为意识，否则人们将会发现它们与公认的心理定义的差异几乎可以忽略不计。这个观点已经在精神分析学的运用中得到了证实：已经找到了一种方法解除压制力量的魔咒从而使那些观念成为意识。**我们把观念在成为意识之前所处的状态称为压抑**。在精神分析过程中，我们始终将发起压抑和维持压抑状态的力量理解为一种抵制。

由此，我们在压抑的理论中得出了无意识的概念。在我们看来，被压抑的东西（the repressed）正是无意识的本质。然而，我们发现存在着两种无意识——一种蛰伏起来并能够成为意识；而另一种则被压抑了，从本质上来讲是无法成为意识的。这种对心理动力学的理解必然会对术语和描述产生影响。在描述性的意义上而非动力学的意义上属于无意识的那种蛰伏的东西，我们称为前意识（preconscious）。我们将"无意识"这个术语限制在动力学的压

---

①心理动力学：泛指强调动机和内心理学驱力是人与动物行为的决定因素的心理学研究取向。广义上包括弗洛伊德的精神分析学、麦独孤的策动心理学、勒温的场论、马斯洛的人本主义、费斯廷格的认知失调理论等。

抑的意义上，就能得到三个术语：**意识**（Cs）、**前意识**（Pcs）和**无意识**（Ucs），这三个术语已经不再属于纯粹描述性的范畴了。相对于无意识，前意识实际上更接近意识，我们既然将无意识归于心理，那么更应该将蛰伏的前意识划归到心理范畴。为何我们不与哲学家保持一致，将前意识、无意识两者与意识心理按照传统的方法区分开？哲学家们会提出：应采取将前意识与无意识划归为"类心理"（psychoid）的两个阶段或两种类别的方法，来取得协调统一。然而，这种方法会招致无数的说明上的障碍，并且，这两种"类心理"几乎在所有方面都符合公认的心理特征的这一意义重大的事实，就会在某一阶段（此时类心理或其核心部分还不为人知）由于偏见而被忽视。

如今，我们已经能够将意识、前意识以及无意识这三个术语运用自如了，前提是我们牢记住：**在描述性的意义上有两种无意识，而在动力的意义上只有一种**。在论述的不同目的上，这种差异有时可以忽略不计，但有时又是不可或缺的。我们同时也已经对无意识这个词的模糊不清习以为常，并且使用起来得心应手。我认为这个词的模糊混乱是无法解决的；意识与无意识的区分，在本质上是知觉的问题，它的答案只有"是"或者"否"，我们并不能从知觉的行为上找到一件事物可以被感知或者不被感知的原因。没有谁有资格对现实状况含混不清地显现了动力的因素的这种现状有所怨言。①

然而，这些区别在将来的精神分析过程中，也会被证实是不恰当的，并且在实践的意义上是不够的。这个事实在大多数情况下都能

---

①目前，这个观点仍可以与我的《精神分析中的无意识说明》相对比。对无意识这个概念的反驳引发了一种新的变化，这种变化值得我们思考。那些并不排斥精神分析学但同时又不承认无意识的学者们，藉由这种变化找到了逃避问题的出路。意识（以一种现象表现出来）的清晰度或强度可能分为许多不同的层次。正如我们有那些清晰、明朗、生动的意识过程一样，我们同样也有模糊不清、虚无缥缈、不确定的意识过程。于是人们辩解道：精神分析学正是希望给那些模糊不清的意识过程冠以虚名——"无意识"。然而，这些意识过程其实也是有意识或者"意识之中"的，假如对此足够重视的话，它们是能够上升为强烈、清晰的意识的。

或许，这种争辩会影响到一些问题在情感因素和惯性这两者之间的选择。我们可以这样认为，阐释意识过程的清晰程度的观点是无法做到彻底的，也不会比这种类似的观点有用："亮度分为许多层次，从最光明耀眼的闪电到最幽晦难辨的弱光，因此绝对的黑暗是不存在的"；或者这样认为："活力划分为无数的层次，因而死亡之类的东西并不存在。"这种观点可能在某些场合能够派上用场，但在实践上毫无意义。假使有人妄图由此推导出与众不同的结论，譬如：所以说，这儿无需点火，或者，一切有机体都不会死亡。从中，我们就可以看出这种观点毫无意义。进一步讲，将"未察觉的思想"归入到"意识"这个概念之中，只会混淆我们关于心理的直观、确切的唯一认识。总而言之，那些还未为人所知的意识，在我们眼中要比无意识的一些心理现象更为荒诞。最后，显而易见的是，将未察觉的思想视为无意识之物的这种意图完全忽视了动力因素，而这些动力因素恰好是精神分析学的基础。因为这种意图忽略了两个事实：一是聚精会神在这种不易察觉的事情上是难于上天的；二是如果做到了，那种不被察觉的思想仍未被意识到，相反，它通常是站在意识的对立面并被意识所断然拒绝的。所以说，在什么是难以察觉或未察觉的问题上逃避无意识的概念的行为，只不过是源自一种预想的观念，这种观念将精神与意识的同一性视为已经彻底解决了的问题。——作者原注

清晰地显现出来，但最具说服力的事例还在下面。我们已经形成了这样一种观念：每个人的心理活动都有一套整体的系统，我们称它为他的自我，而意识正是其中的一部分。自我支配着活动方式，即投射到外界的兴奋贯注。自我这种心理力量掌控着自己的形成，它在夜晚进入休眠，虽说在这过程中它仍然发挥着稽查作用。压抑作用也是发源于自我，自我通过它将心理中的某些趋向从意识以及其他的活动方式中驱除。这些被驱逐的倾向与自我相对立，精神分析所要做的就是消除掉抗拒作用，自我利用这种抗拒来与被压抑的东西划清界限。我们在精神分析中发现，一旦我们对病人提出要求，他就会遇到麻烦：当他接近那些被压抑的东西时，就会丧失联想能力。此时我们告诉他，是某种抗拒作用在摆布他。然而，他对此浑然不觉，对抗拒一无所知或者难以名状。但是，由于这种抗拒发源于他的自我并且从属于它，这就导致了我们处于一种无法预知的状态。我们发现了自我之中的一些东西，这些东西都是无意识的并且似乎被压抑着，换句话说就是，它们在未被意识到的情况下发挥了巨大的影响力，只有通过特殊的手段才能将它们上升为意识。这一发现从分析实践的角度来看，会导致我们在使用自己常用的叙述方法时遇到困难，比如，假如我们尝试着从意识与无意识的矛盾对立中找到神经症的起源，那么我们就会陷入无休止的模糊和混乱之中。因此，我们只能用另一种对立关系来取代它，即轮廓分明的、现实的自我与从自我中分化出来的被压抑的部分之间的对立关系，这种对立是我们在对心理结构的剖析中发现的。[1]

但在我们关于无意识的观点上，这个发现结果显得更加重要。从动力学出发使我们进行了第一次修正；而在对心理结构的剖析中我们进行了第二次修正。我们认识到，在无意识与被压抑的东西之间并不能完全画等号，一切被压抑的东西都是无意识的，但无意识的东西并不一定是被压抑的。自我的一部分——多关键的一部分啊——也可能是无意识，必定是无意识。自我中的这个无意识，并非以前意识那样的蛰伏状态存在。因为如果它是蛰伏着的，那么它在没有成为意识之前是无法产生影响的，并且也不会这么难以使它成为意识。当我们发现自己必须设想出第三个不是被压抑的无意识的时候，我们不得不承认，"处于无意识状态"这个特征对我们来说已经逐渐失去了意义。它成了一种含义颇多的性质，我们不能一厢情愿地将它作为一个伟大的、必然的结论的基础。然而，我们也不能忽略它，因为是否处于意识中这个本质属性是我们在深蕴心理学[2]的黑暗中唯一可以依靠的灯塔。

---

①请参见我的《超越快乐原则》。——作者原注
②深蕴心理学：亦译"深层心理学"。指弗洛伊德创立的无意识心理学。它不是心理学的分支,而是精神分析学派的研究取向。深蕴心理学认为,人的精神生活包括意识和无意识两个部分。意识部分并不重要,而占大部分的无意识却蕴藏着种种力量,不仅强而有力,而且成为人类行为背后隐藏的动力,比有意识的心理过程具有更复杂、更奇妙的作用。

第二章　自我与本我

在病理学方面的研究中，我们将注意力全部放在了被压抑的东西上。但既然我们现在已经认识到，自我在适当情况下也可以是无意识的，那么我们就想对自我有进一步的了解。迄今为止，在我们的研究中，唯一的指示方向的就是意识或者无意识的区分依据；我们终究会了解到这个区分依据是多么不确定。

目前，我们所拥有的一切知识都与意识紧密联系。只有将无意识变为意识，我们才能够看到无意识的内容。但是，稍等，这太不可思议了。当我们说"使其成为意识"时，这代表着什么？这个过程究竟如何呢？

我们已经找到了研究这种联系的切入点。我们提到过，意识是心理结构的外层，也就是说，它作为一种机能被我们划归为一个系统，这个系统是在空间上最先与外界发生接触的——这里的空间不仅是指机能意义上的空间，也是指解剖意义上的空间。①我们的研究，正是以这个知觉外层为切入点。

一切的知觉，无论来自内部还是外部（感官知觉），我们都称为感觉和感情，即感知的知觉，最初都是意识。但那些我们（草率地、不准确地）以思想活动的名词来归纳的心理过程又是怎样的情况呢？它们显示出器官内部的某一部位在内心的力量付诸行动时所发生的移动。究竟是它们朝着意识的表层移动还是意识朝着它们移动？对于这个问题，人们在审慎地引用心理活动中的空间或"地域学"的观念时，就会很明显地陷入这样一种困境：这两种可能性都不合理。这里面必然存在着第三种可能性。

我在别处已经提到过，无意识与前意识的观念（思想）之间真正的区别是：前者以某些未知的素材进行，而后者除此之外还与词表象②有关。除了前意识与无意识、意识之间的关系外，这是第一个能够区分两种系统的标志性东西。某物如何成为意识？这个问题更适合这样问："某物如何成为前意识？"答案是："凭借它的词表象而成为前意识。"

---

① 《超越快乐原则》——作者原注

② 词表象：即语言描述。

这些词表象是残留的记忆碎片，它们曾是知觉，如同其他的记忆碎片一样，它们还会重新成为意识。在对它们的本质进行更深入的探究之前，我们似乎逐步有了一个新的发现：只有曾是意识的东西才能成为意识，任何内部萌生之物，只有先成为外部知觉，才能最终成为意识。而这个过程只能借助记忆痕迹才有可能实现。

我们将残留的记忆碎片归于那些与知觉–意识系统直接接触的系统之中，因此这些残存下来的精力贯注就可以自如地由内部向知觉–意识系统扩散。此时我们立刻联想到了幻觉，想到了最刻骨铭心的记忆通常与幻觉或者外部产生的知觉不尽相同。但我们很快就会发现，当记忆恢复的时候，精力贯注存留在记忆系统之中，当精力贯注并不只是沿着记忆痕迹通往知觉，而是彻底贯穿它时，就可以产生出那种无法与知觉区分开来的幻觉。

词语的残存首先是从听知觉中获得的，由此前意识系统拥有了一种与众不同的感知源。其次，词表象的视觉组成部分来自于阅览，可以首先放在一边；同样，除了聋哑人以外，词语的运动历程也具有启示效用。事实上，一个词语毕竟是曾听过的词语的记忆碎片。

当记忆碎片是某些事物时，我们切勿为了追求简单而忽略了这些视觉记忆碎片的重要性，或者否认思想能够在对视觉碎片的回应中成为意识。否认被大多数人视为一种实惠的手段。正如在瓦伦冬柯的研究中所显现的那样，对梦与前意识想象的研究能够帮助我们认识视觉思想的特征。我们知道，在视觉思想中成为意识的东西往往只是思想的具体素材。我们还知道，这个素材中的各种东西之间的关系并不具有视觉表达的能力，它们是表明思想的具体特征因素。由此可知，形象思维只是一种不彻底的意识形式。在某些情况下，它比词语思想更接近无意识，在个体发生和种系发生上也要早于词语思想。

回归到我们的论题上：无意识成为前意识，那么将被压抑的东西变为（前）意识的方法就是在分析中纳入前意识这个中转站。因此，意识纹丝不动；另一方面，无意识也不会转化为意识。

自我与外部知觉的联系我们已经弄清，现在是时候研究它与内部知觉的联系了。这个问题又使我们怀疑，将一切意识划归到简单的知觉意识表层系统的做法是否妥当。

内部知觉产生了对各种过程的感觉，这些过程自然也包含发生在心理器官最深处的那些过程。我们对这些感觉和感情知之甚少。我们依然可以将那些快乐与不快乐的感觉和感情视为其中的最佳范例。相较于源于外部的知觉，它们所产生的知觉更为原始、更具有本质性，并且，即使在意识处于模糊状态时它们也能萌发。我在别处已经提到了一些关于它们较为突出的经济意义以及对此在元心理学上的解释。这些感知与外部知觉一样是多室的，它们可以有不同的源头，因此也就会具有不同的、甚至相互排斥的属性。

内部动力并不存在于快乐的感觉之中，而是大量地存在于不快乐的感觉之中。这种动力崇尚变化，力图发泄，这就是我们将精力贯注的增强视为不快乐的缘由，而将精力贯注的减弱视为快乐的缘由的原因。如果我们将成为快乐与不快乐的意识的那种东西称为心理过程中量和质的"某物"，那么面临的问题就变为：这个"某物"于它所处之处能否成为意识，或者说，它是否会作为必然的首要选择而被传递到知觉系统中去。

临床经验决定了后者。它使我们观察到，这个"某物"的迹象与被压抑的冲动类似。它能够在自我未察觉到被强迫的情况下发挥动力作用。直到抗拒强迫的力量产生，发泄才会遇到阻力，这个"某物"才会被变成不快乐的意识。源于肉体的机能的紧张也可以是无意识的，介于外部知觉与内部知觉之间的痛楚感就是这样，甚至于，即使这些痛楚感来自于外部，但也表现得像是一种内部知觉。因此，只有借助知觉系统，感觉和感情才能成为意识，这是不可否认的；一旦这个过程受阻，那么它们就不会获得感知，尽管在兴奋过程中它们指向的"某物"仍像它们会成为感觉那样。接下来，我们用不太恰当的方式来简单谈谈"无意识情感"，将它与并不牢固的无意识观念作对比。事实上，两者的区别在于，无意识观念的有关部分在成为意识之前必须是已经存在的，而感情则是自发的。也就是说，在感情上，意识与前意识没有区分的意义。在这种情况下，前意识已经不存在了——而感情要么是有意识的、要么是无意识的。甚至在感情以词表象为基础时，它成为意识也不是依靠这个基础，它是直接成为意识的。

现在，词表象所起到的那部分作用已经很明显了。它们使知觉感知到了内部的思想过程，正如所有的知识都源自外部知觉这个事实所揭示的那样。在思想进程的高度精力贯注的状态下，思想就像来自外部的东西一样进入了知觉，因此才显得真实。

将清了外部知觉、内部知觉与知觉意识的表层系统之间的关系，我们就可以继续探究自我这个概念了。如我们所见，知觉系统是自我的摇篮，自我以它为中枢，自我以前意识为起点，这个前意识与记忆的碎片相连。然而，正如我们所知，自我也是无意识的。

我认为，如果我们采纳一位作家的建议，将会收获颇丰。这位作家抱着私人的目的徒劳无功地笃定，他与纯粹的科学精确性绝无交集。这位作家就是乔治·葛诺戴克。他始终坚定不移地认为：我们称为自我的那个东西在生命过程中几乎都是被动的；并且我们之所以能够存在着，完全是靠着那些未知的、我们无法掌控的力量。[1]对此我们都有过类似的感觉，即使我们并未因此拒绝其他的感觉。我们应当坚定地将葛诺戴克的发现置于科学体系中。我建议对这个发现加以重视，因此我们将源自知觉系统、以前意识为起点的统一结构称为"**自我**"，并依照葛诺戴克之法将心理的另一部分称为"**本我**"，[2]自我会进入到这一部分，从这一部分的行为表现上来看，它似乎曾是无意识的。

很快我们就会知道能否在描述和理解上从这个观点中获得帮助。

---

①参见葛诺戴克的著作。——作者原注
②葛诺戴克显然习惯用尼采的手法，以这个术语来表达人性中非人格的以及臣服于自然法则的一面。——作者原注

现在，我们将一个个体视为不为人知的、无意识的心理的本我，自我附属在它的外层，它的内部衍生出知觉系统。若我们欲将其形象生动地描绘出来，那就需要这样补充说明：自我并非完全包裹着本我，而是部分地包裹着。在这个被包裹的部分中，知觉系统形成了它的自我的表层，这就有些像胚盘依附于卵细胞那样。自我与本我并未彻底分离，自我中较低级的那部分并入了本我。

但是，被压抑的东西同样也并入本我，并且只是其中的一部分。被压抑的东西与自我的分离只不过是因为抗拒作用，它能够通过本我与自我发生联系。我们马上意识到，我们在病理学的误导下所划分的界线几乎都只触及心理器官的表层，也就是我们唯一了解的那部分。我们所讲的结构可以用下图来表示；虽说我们并不希望滥用这种方式，它充其量只是解释问题方法而已。

我们似乎可以这样补充：从单方面来看，自我顶着一顶"听觉的帽子"，正如我们在大脑解剖中所见。这顶帽子可以说是歪斜的。

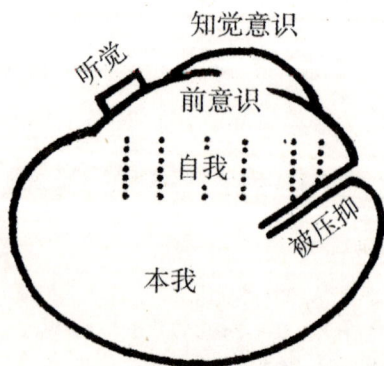

从中可以清晰地看出，自我是本我的一部分，它以知觉意识为媒介接受来自外界的直接刺激并发生变化；从某种意义上来说，自我是扩大化的表层分化，并且试图将外界的影响力加诸于本我及其趋向，以现实原则取代主宰本我的快乐原则。本我中的本能担负起自我中知觉的职责。自我代表着理性与常识，与富含感情的本我相对。这些与我们熟知的一般性特征都契合，然而，通常认为这种情况只在普通层次或者"理想状态"下出现。

自我通常掌握着行动的控制权，这体现了自我在功能上的重要性。如此一来，自我与本我的关系就像驭者与马，驭者必须对马的桀骜不驯加以遏制。两者的区别是：驭者是以自身的力量驾驭，而自我却是借力驾驭。这个类比还有延伸的空间。在一般情况下，如果驭者并未被马甩开，他通常只能引导着它驰向它的目的地；与此相同，自我也习惯于按照本我的欲望来行动，就像这种欲望是它所自有的一样。

在自我的形成与脱离本我的过程中，除了知觉系统以外，似乎还有另一种东西在发挥作用。在一个人的身体中，产生外部知觉与内部知觉的首先是它的外层。它像别的一切对象那样被看见，但触觉会使它产生两种感觉；其中一种或许可归于内部知觉。心理生理学已经阐明了：在知觉中，一个人的身体如何通过其他对象来确定其特殊位置。疼痛在其中似乎也发挥了作用，在痛楚中，我们对自己的器官有了新的认识，这或许正是我们认识身体的典型方式。

自我首先是身体的自我。它不仅是一个表面的实在之物，也是表面的映射。若是愿意，我们最好将它类比于解剖学上的"大脑皮层人影"，这个人影倒立于皮层之中，脚跟朝上，脸朝后，正如我们所知，其语言功能的区域位于左手边的位置。

　　关于自我与意识的关系，已经反复讨论过了。对此还有一些关键的东西有待阐释。无论身在何处，我们总是无法摆脱自己关于社会或者伦理的价值观，然而，对于较低层次的情感是在无意识中进行的这个事实，我们并未感到诧异。我们甚至希望心理功能越具有高价值，就越能轻而易举地被证实为意识。但精神分析的研究并未能使我们如愿。一方面，我们的确发现：就连那些通常情况下要求具备极强思考性的复杂精细的智力操作，也能在非意识的前意识状态下进行。这些类似的事实十分可靠，比如，上述过程能够发生在睡眠状态下，正如我们所见，某人一觉醒来后发现某个困扰他的数学难题或其他难题已经迎刃而解了，而头天晚上他还苦思无果。[①]

　　然而，存在着另一种更令人费解的情况。在精神分析中，我们发现一些人的自我批判和道德良心的功能——这些都是极为高级的心理活动——属于无意识并且在无意识中产生了至关重要的结果。由此可知，在分析中发现的抗拒属于无意识的例子并非绝无仅有。这个崭新的发现逼迫我们抛弃优良的自我批判的判断，转而谈论一种"无意

---

　　①这个事例我是近来才听闻的，事实上在我的"梦的过程"的解析工作中，它倒是一个特例。——作者原注

识的负罪感"，比起其他发现，它更使我们感到费解，并带来了一些新的疑问，尤其是这类无意识的负罪感在许多神经症中发挥的决定性的经济作用逐步显现在我们面前并在康复的道路上树起铜墙壁垒的时候。若我们再次回归自己的价值观，那我们将被迫承认，除了最低级的以外，那些最高级的东西也同样可以是无意识的。正如我们方才提到过的，意识自我所具备的一种属性：自我首先是身体的自我。

第三章　自我与超我（自我典范）

假如自我只是为知觉系统所改变的本我的一部分，即外部世界在心理上的投影，那么，我们有必要讨论一下事情的常态。但尚有一个更加复杂的问题摆在我们面前。

自我中有着等级划分，它的内部存在着异质之物，我们称其为"自我典范"或"超我"。原因我们已经在别处探讨过，[1]并且依旧适用。[2]自我的这一部分与意识的联系并不密切，这一点显得惊世骇

---

①请参阅《自恋引论》与《集体心理学与自我的分析》。——作者原注
②除非我将"现实检验"的功能错误地归到超我的身上，这一点很有必要加以更正。如果现实检验仍然属于自我的功能，那么它将在自我与知觉世界之间的

俗，有必要对此加以阐释。

对此我们需要将覆盖面略微扩大。我们作出过这样的假设：一个被遗弃的对象被重新置于自我之中——即自居作用替代了对对象的精力贯注。①借此我们才得以释清忧郁症患者的痛苦之源。但当时的我们并未对这个过程的意义作出彻底、全面的评论，亦对它的普遍性和典型性一无所知。此后，我们了解到了这种替代对自我的形式的决定性意义，并作为不可或缺的因素促进了人们称为自我的"性格"的那种东西的形成。

无疑，在最原始的口欲期，对对象的精力贯注和自居作用是难以区分的。我们只能假设本我对性的需求导致了对对象的精力贯注。起初尚显稚弱的自我逐渐感觉到了对对象的精力贯注，它可能会采取默许的态度，也可能会以压抑作用来进行抵制。②

当一个人被迫抛弃自己的性对象时，伴随而来的往往是其自我的变化。将这种变化视为自我内部的一个对象的萌生，是唯一可取的做法，正如在忧郁症中显现的那样。这种替代的本质属性仍然是谜。

关系中如鱼得水。此外，还需要纠正一些从未阐明"自我的核心"的早期观点，因为光是知觉意识系统就能作为自我的核心。——作者原注

①参见《忧伤与忧郁症》。——作者原注

②在原始人由信仰建立起来的禁令中，我们可以找到类似自居作用取代对象选择的有趣现象：沦为腹中餐的动物的部分特征长期保存在它的食用者的性格中。众所周知，这个信仰是同类相食的根源之一，并且对一些图腾禁食风俗以及圣餐形式有所影响。以口来支配对象的观念造成了这些情况，这些情况实际上的确是在后期的性对象选择的过程中出现的。——作者原注

它或许属于一种内向投射——一种重返口欲期的退行——如此一来就能轻易抛弃对象，或者使其具备可能性。也有可能是这样的：只有这种自居作用才能使本我对它的对象放手。至少，这个发展过程尤其是其早期的过程是时常出现的，由此，我们产生了自我的性格或许是继承了被遗弃的对象的精力贯注，并留存着该对象的选择史。当然，抗拒从最初起就具有不同强度的力量，它决定了一个人的性格是反抗还是接受他的性对象选择所带来的影响的程度。我们似乎可以轻易地从那些屡坠爱河的妇女身上找出其性格特征中的对象精力贯注的蛛丝马迹。我们还必须兼顾到对象精力贯注与自居作用同时发生的情况——这意味着性格的转变发生在对象被遗弃之前。此时，性格的转变已经超出了对象关系的范畴，从某种意义上来说，对象关系已经能够在这种转变中得以存留。

换个角度来看，由选择性对象转化为改变自我，这种方法能够使自我驾驭本我，并增强两者之间的关系。的确，这在很大程度上是以承认本我的经验为代价的。当对象的特征进入自我时，它就已经以一个爱的对象的形式强加于本我，并试图以此弥补本我的损失："看吧，你也可以选择爱我，因为我与那对象如此神似。"

这种由对象性力比多转化为自恋性力比多的情况，显然表示摒弃了性目的，斩断了性欲，因此这是一种升华作用。那么问题来了："实现升华的普遍形式不是这种转化的方法吗？升华作用不都是以自我为中枢的吗？"对此我们必须认真思索。这些升华作用发轫于性对

192

象力比多转化为自恋性力比多之后，此后将继续赋予自恋性力比多别的目标。①我们接下来必须将本能的其他转变也纳入到这种转化可能造成的结果中去，例如，这种转化是否正是融为一体的各种本能的解放的根源。

虽说此话离题稍远，但我们暂时还是不可避免地将目光聚焦在自我的对象自居作用上。一旦它们获得优势地位，数目膨胀，并且强大到彼此不能共存，那么就会带来一种病理上的症状。不同的自居作用间分崩离析，此时的自我就会发生分裂，自居作用轮番主宰着意识，这或许正是"多重人格"的真相。甚至在情况并非这么严重的时候，不同的自居作用之间的对立依然存在，自我功能在这些对立中发生分裂，但我们也不能将这些对立关系全部打上病理性的烙印。

不管性格对被遗弃的对象精力贯注的新的抵抗力究竟如何，在最早期的童年阶段产生的首个自居作用的影响力是普遍而长久的。由此我们回溯到自我典范的源头，因为在它背后隐藏着个人的第一个、也是最重要的一个自居作用，也就是早期与父亲的自居作用。②这个自

①我们既已对自我与本我作了划分，那就需要将本我视为力比多的巨型贮藏室，就像我在关于自恋的文章中阐述的那样。因上述自居作用而灌入自我的力比多造成了自我的"继发性自恋"。——作者原注

②或许在这里，说"与双亲"会更加稳妥，因为在儿童知悉两性的差异，即是否有阴茎之前，父亲与母亲在他眼中并无区别。最近我碰到这样一个少妇，关于她的事例显示出：当她发现自己缺少阴茎的时候，她并不认为所有女人都没有阴茎，而是以为只有低贱的女人才会这样，她仍然以为她母亲是有阴茎的。但这里我们只涉及对父亲的自居作用，这样便于论述。——作者原注

居作用明显不是由对象精力贯注所造成的。它是直接的、瞬发的，并且发生在一切对象精力贯注之前，但性对象的选择隶属于最初的性阶段并与父母有关，似乎在这样一个自居作用中毫不反常地实现它的目的，并以此来巩固这个自居作用。

然而，整个课题错综复杂，只有通过条分缕析才能彻底弄清。主要有两个纠缠不清的问题：俄狄浦斯情结的三角性，以及每个人结构上的双性趋向。

一个小男孩的情况可以在这个问题的简化形式中这样描述：在他幼年时，产生了对母亲的对象精力贯注，母亲的乳房是这个对象精力贯注最初的起点，并由于性欲附着的原则而成为性对象选择的参照系；男孩将自己与父亲等同。这两种关系在一段时间内和平相处，互不干扰，直到男孩对母亲的性欲增强，并意识到父亲是横亘在他和母亲之间的大山。此时，俄狄浦斯情结才得以出现。①由此，他对父亲的自居作用开始蕴含敌意，并为了替代父亲而转变为一种摆脱父亲的意愿。此后，他与父亲之间就矛盾不断，看起来就像自居作用中的矛盾属性从最初起就很突出似的。对父亲的敌视与对母亲的专情，一个男孩身上的俄狄浦斯情结正是由这两种对象关系简明扼要地构成。

随着俄狄浦斯情结的减弱，男孩必然会遗弃对母亲的对象精力贯注。取而代之的是两种方法：要么以母亲自居，要么加强对父亲的自

---

① 部分援引自《集体心理学》。——作者原注

居。我们通常更习惯于后者，通过它，对母亲的恋慕有所限制地保留下来。这样，男孩就会在这种俄狄浦斯情结的瓦解之中增强阳刚的男性性格；与此类同，一个小女孩或许会加强对母亲的自居（或者初次建立这样一个自居作用），由此形成女性性格。

我们并不希望出现这些自居作用，因为在这过程中，被遗弃的对象并未被纳入自我。但这个可以选择的结果也有可能出现，它在女孩身上表现得更加明显。在分析中常会出现：当一个女孩被迫放弃将父亲作为爱的对象时，她的举止会表现出男性化，并以父亲（即丧失的对象）自居，以此来替代对母亲的自居作用。这种行为显然是由她的性格（无论成分如何）中是否具有足够的男子气概来决定。

由此可知，在两性中，以父亲自居还是以母亲自居显然取决于男性倾向与女性倾向的力量对比。这属于很多形式中的一种，在这种形式中，双性倾向影响着俄狄浦斯情结后来的变化。而另一种形式则更加重要。因为人们感觉到：单纯的俄狄浦斯情结并不是它最普遍的形式，而只是一种简化与系统化，这种简化与系统化常常能在实践中得到充分证明。通过更深入的研究，我们通常会发现更加完整的俄狄浦斯情结，它具有双重性：肯定性与否定性，并源于一开始出现在儿童身上的双性倾向。也就是说，对男孩来说，他不光具有敌视父亲与恋慕母亲的性对象选择，他的言行举止同时也像一个女孩，在对父亲的态度中表现出饱含柔情的女性属性，同时对母亲抱有敌视与忌妒的态度。这就是双性倾向所带来的复杂情况，在这种情况下，要想清晰地认识最初的性对象选择与自居作用之间的联系是很困难的，而要浅显易懂地描述出来就更加困难了。事实甚至可能是这样的：与父母之间的矛盾对立都源自双性倾向，就像我在上文的论述中所说：这种矛盾对立并不是发轫于争斗的产物——自居作用。

在我看来，假设俄狄浦斯情结完整无缺的存在，通常是合乎情理的，尤其是在有关神经症的情况下。分析表明：在大多数情况下，除了一些仅能加以区分的迹象，这个或者那个组成成分消失了。因此其结果就是，一极是正常的、阳性的俄狄浦斯情结，另一极是反常的、阴性的俄狄浦斯情结，两者的中间地带以其中占优势的一方来表现出整个形式。当俄狄浦斯情结瓦解时，在对父亲的自居作用和对母亲的自居作用的形成过程中，它具有的四种倾向会聚合起来。对父亲的自居作用会保护阳性情结中的与母亲的对象关系，并替代阴性情结中的与父亲的对象关系；对母亲的自居作用也是如此，但需要在细节上加以修改。个人的身上的两个自居作用的强度对比，能够体现出在他的两种性倾向中，谁占据优势地位。

因此，在为俄狄浦斯情结所支配的性阶段产生的结果，可以被视为自我的一种积淀，它包含着在某些方面互融的两种自居作用。自我的这种转变影响深远。它面对着自我的另一个部分——自我典范或**超我**。

然而，超我并不只是本我最初的性对象选择的残留，另一方面，它还是一种对这些选择进行压制的强力反向形成。[①]它与自我的关系并不仅仅是这句格言——你当如此（像你父亲一样）——的内容所能概括的。它还含有另一种命令："你不当如此（像你父亲），有些事是他的特权，你并不能做。"自我典范的这种双重性源自它对俄狄浦斯情结的压抑任务，正是这一革命性的事件造就了它。显然，对俄狄浦斯情结的压抑并非易事。儿童的双亲尤其是其父亲，是他实现俄狄浦斯愿望的最大障碍；为了进行有效的压抑，他稚嫩的自我在它自身中树立起同样的障碍，以此来赋予自己更大的力量。我们可以说，它是利用从他的父亲手中借来的力量才完成此举的，这个租借行为至关重要。超我继承了父亲的性格特征，同时，俄狄浦斯情结愈强悍，它就愈容易被压抑（在权威灌输、宗教洗礼、学校教育、阅读影响之下），接下来，超我以道德良心或者无意识负罪感的形式更加严苛地监督着自我。很快我就会提出这样的观点：作为统治权力的源头，超我带有独裁的专制强迫形式。

假如重新审视前面提到的超我的起源，我们就会发现，它是在生物性与历史性，即人类弱小无助的童年期漫长的依附阶段和他的俄狄浦斯情结（我们已经提到过，对俄狄浦斯情结的压抑不仅与潜伏期之前力比多的中断有关，也与性生活的双性起源有关。）这两个关键因

---

①反向形成：心理防御机制之一。指个体无意识中把某些不被许可的内心冲动、欲望转换为某种相反的行为，以减轻、消除不断增强的自我焦虑。如爱某人，却用攻击、拒绝来表现。

素的作用下产生的。精神分析假设：后一种似乎为人类所独有的因素源自冰河时期的文化进程。因此，超我从自我中分化出来绝非偶然，这种分化显现出个体发展与种系发展中至关重要的特质。的确，只有将来自父母的影响视为永恒，上述超我起源的因素才能在这种分化中得以永存。

精神分析学屡屡为人所诟病，被指责无视人性中光辉道德的一面。无论站在历史的角度还是方法的角度，这种指责都是有失公允的。首先，从最初起，我们就将压抑的动力视为自我中道德和美的作用；其次，这种指责彻底否认了一种观念，这种观念认为，精神分析学无法建立起像哲学那样完整统一的理论大厦，而只能在对常态与反常态现象的抽丝剥茧中摸索着复杂心理现象的本质。只要我们对心理活动中被压抑的东西足够重视，人性中崇高的一面必然会出现在我们面前。但是，我们既已致力于剖析自我，那么对于那些道德观饱受摧残的人和坚持人性中有着高级本性的人，我们要说的是："正是如此，这个高级本性作为我们与父母的关系存在于自我典范或超我之中。我们在年幼时就感觉到了这种高级本性，并对它又爱又怕；到后来，我们将它据为己有。"

由此可知，自我典范是俄狄浦斯情结的延续，因此它就代表了本我最强大的本能与最关键的力比多变化。自我典范的树立，使自我得以支配本我，控制俄狄浦斯情结。自我基本上代表着外部的现实世界，与代表内部世界与本我的超我对立。就像我们接下来会看到的那样，自我与超我之间的矛盾，最终将表现为现实与理想、外部与内部的巨大差异。

自我在理想的建立中接管了本我中的生物学与种族演变所形成的遗产。在与自我的关系中，这些遗留物单独在自我中重现。自身的起源方式，使自我典范与这些个人在种系发生的过程中获得的古代遗产渊源颇深。理想的建立改变了我们最低级的心理部分，以我们的价值观将它塑造为人类心理中最崇高的东西。然而，即使我们以自我的位置来推断自我典范的位置，或以自我与本能的关系来作类比，也是没用的。

我们可以轻易地证明自我典范与人们希冀的崇高本性相契合。作为一个渴望取代父亲的替代物，所有宗教的萌芽都发端于它。恭谨自卑的宗教感源于自我无法达到理想的自我判定，在这种宗教感中，信徒表现出了他的渴求。当一个孩子长大后，导师或者别的权威人物继承了父亲的角色，在自我典范中，来自于他们的规章戒律依旧铁令如山，并且向前进化为道德良心，执行稽查作用。道德良心的拷问与自我的现实表现之间的对立以负罪感的形式表现出来。以自我典范为根基，人们通过他们之间的自居作用建立起了社会情感。

作为人的高级本性：宗教、道德与社会情感①在本质上其实是一样的。在我的《图腾与禁忌》一书的假设中，它们都是以种系发生的

---

①在这里，我暂且不考虑科学与艺术。——作者原注

形式从父亲情结中发展而来：对俄狄浦斯情结的强制性掌握产生了宗教与道德；而对消除年轻一辈之间的争斗的需求产生了社会情感。男性似乎在这些道德性产物中占据了优势地位；这些道德性产物似乎以交叉遗传的方式被女性获取。甚至时至今日，个人的社会感情，是以兄弟姐妹之间的争斗为基础的上层建筑的形式出现的。由于敌意未能得到满足，因此对之前的竞争者的自居作用仍继续发展。在对同性恋的相关现象的探究中，这个假设得到了证实。在这类现象中，对一个对象的深情在替代与自居作用的影响下转化为恨意。

然而，一说到种系发生，伴随而来的就是新的问题，对此人们避之唯恐不及。但我们必须面对它，即使暴露出我们自身努力不足的缺陷。这个问题就是：在原始人的幼年时期，从他的父亲情结中发展出的宗教道德是进入了他的自我还是本我？如果是自我，那我们为何不能简单明了地认为自我继承了这些东西？如果是本我，那宗教与道德又怎样与本我的属性保持一致呢？又或者我们根本就不该将自我、本我与超我之间的分化置于如此遥远的年代？或许我们本就不应当过于坦诚地承认，我们关于自我的转变过程的理论在理解种系发生方面毫无作用，也并不适用于它？

我们先从最简单的入手。自我与本我之间的分化不仅存在于原始人身上，也存在于更为简单的有机体中，因为这种分化是反映外部世界的影响的必然结果。在我们的假设中，引起图腾崇拜的经验是超我的源头。经历和继承这些东西的是自我还是本我的这个问题很快就失去了意义。加以深思我们就会立即明白，由于自我是本我在外部世界的代表，因此任何外界的变化都只能通过自我传达，而不能直接为本我所经历，并且也不能说是自我直接继承了它们。在这里，一个现实的人和一个种族在概念上的南辕北辙就格外明显了。除此以外，在自我与本我之间的划分上，人们不能过于执拗，不应忘记自我是从本我中分化而来的。自我的经验似乎并不能遗传，然而，当这些经验在后代中不断强力地重复时，自我可以说就已经将经验转化为本我的经验了，这个经验通过遗传得以保留。于是，本我中的那些遗传下来的经验就带上了无数的自我的影子；当自我从本我中发展出超我时，自我或许只能恢复原状，并且它或许也只能激活这些形状。

超我的形成过程，解决了自我与本我在对象精力贯注中的早期冲突为何会被它们的延续者——超我所继承的问题。假如说自我未能适度地控制住俄狄浦斯情结，那么从本我中喷涌而出的俄狄浦斯情结所引发的强力精力贯注会再次促进自我典范的反向形成。自我典范与无意识的本能之间的彻底完全的接触，揭示了自我典范是怎样使自身保持无意识状态并且难以达到自我的。曾在心理的最深处未被及时的升华作用与自居作用所消弭的战争，如今又将战场扩大到了更高级别的领域中，就像考尔巴赫的油画中描绘的汉斯战役那样。

第四章　两种本能

前面说过，我们将心理划分为本我、自我与超我。如果这种划分标志着我们在认识上的飞跃，那就意味着我们能够更好地理解和描述心理的动力关系。我们也已经得出了这个结论：知觉深刻地影响着自我。从广义上来说就是，知觉之于自我就像本能之于本我。同时，本能也能像影响本我那样影响自我，正如我们所知，自我无非是本我的一个经过改造的特殊部分。

近来，我发展了自己关于本能的理论。①在此，我仍然坚持这个

---

① 《超越快乐原则》——作者原注

理论，并以它为下一步讨论的基础。这个理论将本能划分为两种，一种是性本能（爱的本能），这种本能极为显眼且易于着手。它不仅包括不受限制的性本能、受限制的本能冲动或源于性本能并趋向升华的冲动，而且还包括自我保存本能。自我保存本能必须进入自我，而且我们完全可以在分析的开始阶段将它与性对象本能相比较；相比之下，第二种本能就不太易于描述了，最终我们用施虐狂来比喻它。我们以理论思考为基础并借助生物学的支持，提出了关于死本能的设想，这种本能旨在使有机生命体回归到无机物的状态。另一方面，规模日趋宏大的微粒（由生命体的分解而来）聚合，使我们将爱本能的目的归于形成并维护复杂的生命。这样一来，这两种本能从严格的词义上来说都是因循守旧的，因为它们都试图回归生命诞生前的宁静状态。就这样，**生命的诞生既催生了维持生命的意愿，也导致了趋向死亡的冲动**。生命本身就是这两种趋向间的一种中和状态。生命的起源依然是宇宙层面的问题，而生命的目的则是二元的。

按照这个理论，同化作用或者异化作用这样的特殊生理活动同两种本能都发生联系；两种本能以不同的比例活跃在生命体的每一个微粒之中，因此某个生命体就能够以爱本能为核心趋向。

无论如何，这个假设对于理解两种本能的互融与混合方式仍然毫无帮助。但是，这个有规律地出现的普遍性过程对我们的概念来说确实是一种必要的假想。单细胞有机体聚合为多细胞生命的事实说明，单细胞体内的死本能是可以被战胜的，并且一个特殊的器官将破坏性的本能释放到外部世界。这个特殊器官看起来应该是肌肉器官。死本能通过这种媒介得以表现出来，虽然只是部分地表现。它是一个以外部世界与其他有机体为目标的破坏性的本能。

两种本能互融混合的设想一旦被我们当作事实，那么这些本能就会出现在一定程度上的彻底"解放"。性本能中的施虐淫①状况就会成为本能融合的正面典型。虽说施虐狂行为并不能完全极端化，但以性反常的形式而独立存在的施虐狂行为，无疑会成为本能解放的范例。由此着手，我们理解了大多数事实，在此之前它们还从未被清晰地认识到。我们发现，破坏性的本能习惯于在爱的本能中发泄自己；我们猜测，癫痫症的发作乃是一种本能解放的表现；我们逐渐明白，对一些严重的神经症，比如强迫性神经症的病况中表现出的明显的死本能与本能解放的迹象，我们必须放在特殊的位置加以考虑。粗略总结一下，我们能够看出，力比多退行（例如：从性器期返回施虐性肛欲期）的本质是本能的解放，与此相反，从早期阶段到确定的性器期的过程中以性成分的增加为基础。问题又出现了：时常出现在那个带有神经症倾向的气质中的普遍而又强烈的矛盾心理，究竟是不是本能解放的产物？然而，矛盾心理作为一种基本现象更有可能是一种尚未完成的本能互融。

我们自然而然地将重心放在了这样一个问题上，即在我们设想的

①施虐淫：指在性活动中通过虐待性对象来获得快感的行为。

自我、本我与超我结构和两种本能之间是否具有启示性的关联？进一步讲，在支配心理活动的快乐原则中，我们能否找到两者之间的永恒关系？但在此之前，我们需要消除对阐述问题的术语的怀疑。的确，快乐原则是必然存在的，自我中的等级划分有着临床依据。然而，两种本能的分界线似乎仍然模糊不清，并可能会在临床分析中同它的权利一起被否决。

出现了这样一种情况。我们可以用爱与恨的两种极端来解释两种本能的对立。爱的本能的情况随处可见；而值得庆幸的是，我们也从破坏的本能中找到了神秘的死本能的例子——恨，使迈向它的道路呈现在我们面前。目前，临床研究的事实表明，不仅在爱中有规律地夹杂着恨（矛盾心理），也不仅在人与人的关系中通常出现由爱生恨、在不胜枚举的事例中，都发生着由爱生恨、由恨生爱的情况。如果这种转变不只是时间层面上的承接，即它们中的一个彻底转化为另一个，那么在这种区别下，这个话题显然就失去了意义。这个区别是如此基本，就像爱的本能与死本能之间的区别一样，其中一个包含着另一个反向的生理过程。

现在，一个人因为另一个人的原因而对她先爱后恨（或者相反）的这种情况显然与我们的问题无关。而另一种情况——朦胧的情愫在萌发之初采取敌意和攻击的姿态表现自己——也是如此，因为此时破坏成分在对对象的精力贯注中抢占先机，只不过后来性的成分也加入其中。但是在神经症的心理学研究中的一些事实，似乎可以作为这种转化的真实性的依据。在迫害妄想狂中，通过特殊的方法，患者成功地抵制了对一些特殊人物过于极端的同性恋爱慕。于是，患者所爱的对象成为了意欲谋害他的人，他对这个人所采取的态度常常是具有攻击性的。在此我们有理由上溯到之前的某个阶段，在这个阶段爱转化为恨。对同性恋以及不包含性目的社会情感的起源的分析研究直到最近才发现：竞争带来暴戾情感，进而引发进攻趋向，只有在它们被制服的情况下才会出现恨转化为爱，或者一种自居作用。那么问题是，我们是否应该假设在这些现象中存在着一种由爱到恨的直接性转化？在这些事例中，这些转化明显完全是内部自发的，而对象的任何一个行为变化也不会影响到这些转化。

但是，当我们对迫害妄想狂的转变进行过程化的分析研究后，发现了另一种情况。从最初起就存在着矛盾心理，精力贯注的反向转换将精神力量由性冲动转化为敌对的冲动。

当同性恋的根源——敌对竞争被压制后，出现了与上面部分相似的情况，攻击的倾向难以得到满足，因此，出于经济的考虑，一种更易得到满足的爱的倾向取代了它。由此我们认识到，不能局限于对一种由爱到恨的直接性转化的臆想，直接性转化不符合两种本能之间的本质差异。

然而，人们会留意到，在我们介绍由爱转化为恨的另一种情况时，提到了一个有必要加以说明的假设。即在心理之中——不管是本我还是自我中，似乎都具有一种可以转换的能量。这种能量本身并无任何倾向，但它能够加诸于在本质上不同的性冲动和破坏冲动之上，以此提升精力贯注的强度。不设想出这种可转换的能量，我们就寸步难行。唯一有待解决的是：它来源于何处，究竟是什么，意义何在？

关于本能冲动的性质问题，以及它历经剧变仍然得以保留的原因，到目前为止还是空白区域。我们有可能在极易观察的性本能中发现一些与此类似的过程。比如说，我们发现各种不同的本能之间存在着某种程度的相互作用：一个具有丰富性成分的源泉所产生的本能，能够利用自身的强度来增强来自另一个源泉的本能；一种本能的满足可以取代另一种本能的满足。以上情况以及另一些类似的情形，为我们的大胆揣测提供了勇气。

此外，我目前只提出了一个设想，对此我还未能提供依据。自我与本我中那个坚定活跃的可转换能量源自力比多（在这儿是非性欲的爱的本能）的自恋性贮藏，这个观点看起来颇为合理（爱本能似乎比破坏本能更具有可塑性、更易发生转换）。根据这个观点，我们可以假设，这个被转换的力比多的作用就是为快乐原则的实施扫平阻碍并添柴加薪的。在这种关系中，只要是以某种形式进行，就可以明显地观察到对实施的途径的某种冷漠。我们知晓该特征，它是本我的精力贯注的过程中所特有的。我们发现，在性欲的精力贯注中，这个特征表现为对对象的一种特殊的注意。在分析研究中，它处于极为明显的移情状态，无论对象是谁，它都继续发展着。最近，兰科发表了一些与此相关的经典案例，指出了神经性的复仇可能会张冠李戴。这些行为中属于无意识的部分令我联想到了三个乡下裁缝的喜剧故事：村子里唯一的铁匠犯了死罪，于是三个裁缝中的一个被吊死了。惩罚是必要的，即使不能惩罚罪犯本人。在关于梦的研究中，我们第一个碰到的就是这种产生于原始心理过程引发的转换过程中的草率行为。在这种状态中，对象由此被贬谪为次要的，正如我们目前所讨论的情况一样，这是实施的一种途径。自我的特征在对一个对象或者一条实施途径作出选择的时候，将会变得更为非比寻常。

假如说这种可转换的能量是非性欲的力比多，那么也可以将它看作升华的能量，因为从它促进结合或结合的趋向（这种趋向属于自我的特性）的形成来看，它将依旧保留着爱本能的主旨—结合与相融。从广义层面来看，如果这些转换包含着思想过程，那么思想活动也从性动力的升华中得到了补充。

前面我们已经研讨过，在自我的调节作用下可能会规律性地出现升华作用。在此处，我们再次推导出了这种可能性。我们自然回想起另一个事实，在这个事实中，本我的第一个对象精力贯注的力比多被自我接管并投射到自我之上，自我结合了力比多并以此促进了源于自居作用的自我的改变的形成，这样，自我就解决了本我的第一个对象精力贯注（当然也包括后来出现的一些对象精力贯注）。向自我力比多的转化无疑是一个抛弃性对象、去除性成分的过程。无论在什么情况下，这一点都有助于我们清晰地认识到自我与爱本能的关系中包含的自我的重要功能。由于自我从对象精力贯注中攫取了力比多，并将自己塑造为唯一的爱的对象，使本我中的性力比多消亡或者升华了，因此，它成为了爱本能的反对者，并为与之相反的本能提供帮助。它必定会支持本我的另一些对象精力贯注，甚至成为它们中的一员。我们将在后面谈论自我的这种功能可能会带来的另一种结果。

这个观点似乎是自恋理论的延伸补充。最初，力比多全部囤积于本我之中，此时自我的建立还未完成或者尚显稚嫩。本我将一部分力比多投入到性对象精力贯注中，此时已经成熟的自我试图夺走这些力比多，并强迫本我将它作为爱的对象。自我的自恋就是这样一个继发性过程，这种自恋是从对象中被强行抽取出来的。

在对本能冲动的研究中，它总是以爱本能的衍生状态出现在我们面前。假如没有《超越快乐原则》中的一些观点作为依据，假如不是最终以爱本能中的施虐淫状态为依托，我们将很难坚持自己基本的二元论。但由于我们不能绕开这个二元论，因此，我们不得不这样归纳：死本能沉寂静美，生命的悸动则大部分源于爱本能。

而还有一部分，则是源于对爱本能的抗争！在反抗力比多这种在生命历程中引入纷争的力的过程中，快乐原则是作为本我的指南针来发挥作用的，这是显而易见的。如果费希纳的恒定原则主导生命过程的观点是正确的——趋向死亡也在这个原则的范畴之内——那么，这个原则就是爱本能与性本能的体现，它遏制本能需求的下降幅度并引入新的刺激。快乐原则支配着本我（即以痛苦的知觉为向导）想尽一切办法抵挡这些刺激。它这样做首先是为了尽快地满足未去除性成分的力比多的直接性需求。然而，此时它是在与一个满足的特别状态的联系中以一种更为全方位的形式力行此事的。在这个联系中，一切部分都需要以性物质的发泄的形式积聚起来。这个性物质可以说是性紧张达到饱和状态的渠道。在性行为中，射出性物质意味着身体与种质分离。这表明，彻底的性满足状态神似亡寂状态，同时也解释了一些低等动物的交媾与死亡相符的问题。这些生命的交配伴随着自身的死亡，这是因为，当爱本能因为彻底满足而退居幕后时，死本能就可以为所欲为了。最后要说的是，正如我们所见，自我为了自身的目的，将一部分力比多加以升华，它这种缓解紧张的工作是对本我的雪中送炭。

第五章　自我的附属关系

由于我们讨论的内容盘根错节，因此，本书中任何一章的内容都与标题不太吻合，当我们将焦点转移到论题的另一方面时，常常需要重回那些已经讨论过的问题上来。

我们多次重复：自我的形成几乎完全源于自居作用，本我所遗弃的精力贯注被这个自居作用所替代；在自我中，第一个自居作用总是拥有特殊的力量，并从自我中分离出来蜕变为超我，当这个超我日益强大后，自我就愈发激烈地反抗着这个自居作用。超我从两个方面来审视它在自我中所处的位置或者说与自我的关系：一方面，它是第一个自居作用，当它出现时自我的力量还很薄弱；另一方面，超我是俄狄浦斯情结的延续，因而得以将最重要的对象纳入自我之中。超我与后来发生了变化的自我之间的关系，正如早期性阶段与青春期之后的性生活之间的关系。虽然超我很难抵御后来的变化所带来的影响，但它仍旧保存着父亲情结的属性——脱离自我与支配自我的力量。超我代表着自我曾经的羸弱与对庇护的渴求，成熟的自我仍然是它支配的主要目标。自我臣服于超我的诫命，正如儿童曾被迫服从父母的强制命令。

然而，从对超我的意义来说，本我的第一个对象精力贯注以及源自俄狄浦斯情结的超我的衍生物显得更加重要。我们已经论述过，这种衍生物将超我与本我在种系发生中所获之物联系起来，并使超我重现旧的自我结构，这个重现者曾经将它们的积淀之物留存在了本我之中。就这样，超我能够始终保持着与本我的密切联系，并代表本我来面对自我。由于超我处于本我的深处，因此，它比自我更加远离意识。①

由于我们将重点转向了对一些临床病例的研究，因此这些关系将能够得到很好的考察。虽说我们对这些病例早已不陌生，但仍需要在理论上加以讨论。

在精神分析中，一些人具有一种令人费解的行为方式。当人们鼓励他们或者表现出对治疗情况的满意的时候，他们却闷闷不乐。他们

---

①精神分析学或元心理学上的自我，正如解剖学上的自我一样，都是倒立着的。——作者原注

的状态始终是越来越糟糕。刚开始时，人们将此视为他们的反抗或者试图凌驾于医生之上。但到了后来，人们才开始用更为深入与客观的态度来审视这种情况。人们开始相信，这些人不但不能接受一切称赞或表扬，还会对治疗情况作出相反的反应。通常在病情有所好转或者暂时停止恶化的情况下所产生的局部性效果，在他们身上却引起了暂时性的加重；他们不仅未能从治疗中康复，反而加重了病情。这就是众所周知的"负性治疗反应"。

无可否认，这些人身上必然存在着某种抵制康复的东西，面对病情的好转，他们忧虑不安，似乎感觉到危险临近。他们对病症的需求比对康复的渴望更加强烈，对于这种说法我们已经习以为常。假如我们以一般的方法来对这种抗拒进行研究——甚至对他们所持的挑衅态度以及从病症中博取利益的各种固着①形式加以忍耐之后，大部分的抗拒都保留下来。在一切抵制康复的力量中它是最强有力的，比我们熟知的自恋性无接触障碍更加强大，它的表现形式是对医生的敌对态度以及对病情所带来的好处的依恋心理。

最后，我们逐渐明白，我们所谈论的东西具有"道德"色彩，是一种负罪感。它在病痛中获得满足并拒绝脱离这种惩罚。将这个让人失望的解释作为最终的结论是对的。但单从患者的角度来讲，这种负罪感是无意识的，它没有向他表明他是有罪的，他也没有意识到自己

————————

①固着：心理学名词，指对刺激的反应的保持程度，或不断重复的一种心理状态。

是有罪的，只是感到自己患病了。这个负罪感只是以一种对康复的抗拒的形式表现出来，这种抗拒的要求很难克服。要想让患者意识到这个动机隐藏在他的持续病情之后也是极为困难的；他固执地坚持着一个看似更加合理的解释：精神分析法并不能适用于他的病。①

　　我们的论述针对的是最极端的情况，然而，这种"道德"色彩在大部分病例中都只被略微考虑进去，或许在所有的相对严重的神经症病例中亦是如此。实际上，在这些状态下，决定神经症严重程度的，或许恰恰是这个"道德"色彩和自我典范的趋向。有鉴于此，我们应当坚定不移地彻底探讨在不同的状况下负罪感的表现形式。

　　要解释清楚一般的有意识负罪感（道德良心）不是一件难事。它以自我与自我典范之间的对立冲突为基础，是自我履行批判职权的

---

　　①在分析者看来，要战胜无意识负罪感这一障碍绝非易事。无法找到直接与之对立的方法，连间接的也没有，除了认识无意识被压抑的根源的漫长过程和以此逐渐使它成为意识负罪感的漫长过程以外别无他法。当该负罪感是"从别处借来的"，即当它作为以曾经的性精力贯注对象自居时的产物的时候，就为人们破解它提供了绝佳的契机。一般来说，这种负罪感代表着被遗弃的情感纽带的唯一残留痕迹。因此，很难看出它是一种情感的纽带（这个过程同忧郁症的症状的十分相似）。除非人们能够将隐藏在无意识负罪感后面的那个从前的对象性精力贯注曝光，这样往往会取得显著的疗效，否则个人的殚精竭虑难免一无所获。无意识负罪感的强度决定了大部分的治疗效果。在这里，通常没有一种疗法能够与无意识负罪感的力量相抗衡，或许只能依靠分析者的人格是否能使自己被病人置于其自我理想的位置之上，这种做法会诱发分析者产生做病人的先知、弥赛亚和拯救者的欲望。由于精神分析学禁止医生以任何方式发挥他人格的作用，因此我们必须坦承：精神分析学的作用在这儿又被加上了一道枷锁。总而言之，分析学并未否认引发病理的反应，但却给予了病人自行决定的自由。——作者原注

体现。人们所熟悉的神经症中的自卑感，或许就与这种负罪感相差不远。在两种我们熟知的疾病——即强迫性神经症与忧郁症中，负罪感被极端强烈地意识到，自我典范在这两种疾病中都表现得尤为严苛，动辄以猛烈的形式谴责自我。除了这种共同点外，这两种疾病中的自我典范还具有重要的差别。

在强迫性神经症的一些形式下，负罪感虽然聒噪不停，却不能在自我面前澄清自己。因此，病人的自我否认了罪名并企图在与之划清界限时求得医生的帮助。承认罪名是愚不可及的，因为这种做法毫无用处。精神分析最终表明：某种自我不能意识到的过程对超我产生了影响。或许可以揭露出在负罪感最深处的被压抑的本能欲望。这样，在这种情况下，超我比自我更了解无意识的本我。

而在忧郁症中，我们更能感觉到超我掌控了意识。但是自我在这种情况下对罪名供认不讳，并不敢作出辩解。对于这种差别，我们很清楚。在强迫性神经症中，论点是自我之外的抗议冲动；而在忧郁症中，自居作用将超我批判的对象引入了自我之中。

为何在这两种神经症中负罪感都能拥有如此强大的力量，目前尚不清楚。但在这种情况下，我们探讨的主题并不在这个方面。等到我们将关于负罪感保持无意识的另外一些病例讨论完之后，我们再来说这个问题。

我们基本上是在歇斯底里与歇斯底里式的状态中观察到负罪感这个问题的。负罪感在此保持无意识的方法是很明显的。歇斯底里自我抵挡住了让人痛苦的知觉，它的超我正是以这样的知觉形式来胁迫它的。同样，歇斯底里自我习惯于在这个让人痛苦的知觉下，利用压抑作用来抵挡住不被允许的对象精力贯注。因此，自我才是保持无意识负罪感的负责人。我们知道，在一般情况下，自我的任务是在超我的监督下进行压抑。然而，歇斯底里是自我调转枪头将压抑目标指向它的严酷的监督者的状态。在强迫性神经症中，反向形成占据主导地位，但在这里，自我只不过是与有关负罪感的东西保持了距离。

必定会出现这种进一步的大胆推测：由于道德良心的出现与无意识的俄狄浦斯情结密切相关，因此，负罪感的大部分都是必然是无意识的。假如有人乐意提出这种自相矛盾的观点：一个正常人，他既比他所相信的更加邪恶，也比他所知道的更为良善（前半部分来自精神分析学），那么精神分析学是同意反对后半部分的。①

无意识负罪感的积累增加会令人犯罪，这是个令人震惊的发现，但无疑是确切的。人们可能会发现，许多的罪犯尤其是年轻的罪犯，在犯罪之前就怀有极为强烈的负罪感，因此，**负罪感不是犯罪的结果，而是原因**。将这些无意识的负罪感付诸实践似乎能带来快慰。

在这些情况中，超我表现得独立于意识自我之外而又与无意识本我紧密联系。鉴于我们目前已经意识到了自我中的前意识词语的残存

①这个观点仅仅是从表面上来看是自相矛盾的。其他意思是，人性中无论是善还是恶，都有一个比他自认为的范围——即他的自我在意识知觉中认知到的范围更加广阔的范围。——作者原注

物的重要性，因此是否可以这样来提问：从超我是无意识的这个角度来说，它蕴含着这些词表象之中，假如不是如此，那么它又是蕴含在其他的什么东西之中？我们对此的初步回答是：正如超我一样，自我也从它所听到的事情中否定其起源：因为超我属于自我的一部分，并且它利用这些词表象（抽象概念）来帮助自己接近意识。但是贯注的精力尚未抵达源于听知觉（教育与阅读）的超我内容，而是接近了源于本我的超我内容。

我们还需要回答的问题是：超我是怎样表明自己本身是一种负罪感的（或者不如说是一种谴责，因为负罪感乃是自我对这个谴责的回应的知觉），而它又是如何更为严苛地对待自我的？如果我们先从忧郁症入手，就会观察到：掌控着意识的超我好似拥有了全部的施虐性一样，残忍暴戾地谴责自我。从我们的施虐狂观点上来看，此时超我中的破坏因素牢牢地控制着超我，并掉转头来谴责自我。此时超我中的摆动似乎是一种死本能的纯粹文化。事实上，自我如果不能及时地通过向躁狂症的转化来摆脱暴力，那么它就很有可能会在死本能的作用下迈向死亡。

在强迫性神经症的某些形式中，良心的谴责伴随着痛苦与懊恼，但在这里，对这种情况的描述并不清晰。值得注意的是，同忧郁症相比，强迫性神经症实际上并不会导致自杀，患者似乎远离自杀的危险，他对自杀的免疫力远远超过癔症患者。我们能够看到，对象被保留这一事实保护了自我。在强迫性神经症中，爱的冲动可能会在向前性器期的心理退行中转化为攻击的冲动。于是这种破坏的本能再次出现并试图对对象进行毁灭性的攻击，或者至少它会表现出这种倾向。自我拒绝了这种倾向，它以反向形成与预先防御的方法来抵御这种倾向。这种倾向是本我的一部分，但超我的表现却使这种倾向看起来好像属于自我。同时，超我对这些攻击倾向的严厉惩罚表明，它们绝不只是表面上的心理退行的产物这么简单，而是取代爱的恨。自我徒劳无功地抵挡着来自两个方向的压力力求自保，正如抵挡来自本我的兽性诱惑与来自超我的良心谴责一样。至少，自我毕竟避免了这两方面采取最极端的行为；从它所能覆盖的范围来看，第一个结果是无休止的自我折磨，最后造成对象的系统性的折磨。

个体处理死本能的方式大相径庭：一部分在于性本能的结合中消除了危险性；一部分则以攻击的形式朝向外部世界，同时在内部无疑也大规模继续着它们未受阻碍的任务。那么，在忧郁症中，超我是如何成为死本能的聚集之地的呢？

从控制本能、道德良心的角度来看，**本我彻底悖离道德，自我竭尽全力接近道德。而超我，或许会超越道德，最终回归到本我的那种冷酷无情。**值得注意的是，一个人愈是对自己的外部攻击倾向加以遏制，他的自我典范就变得愈发严肃，也就是说，其攻击性愈发强烈。这种情况恰好与一般的看法相反，这种一般的看法将自我典范视为抑制攻击倾向的动力源泉。然而，事实的确如此：一个人越是控制自己的攻击倾向，自我典范对自我的攻击性就越强，这就像是一种转换，将目标转换为自我。然而，就连最平常的道德感都会带有一丝冷酷镇压、厉声斥责的色彩。的确，这正是冷酷严惩的观念的起源。

必须作出一些新的推测，以便使我对这些问题的研究能更进一步。我们知道，超我源自对父亲的自居作用。我们将这个自居作用建立为一个模型，每个这样的自居作用都带有非性欲化的色彩，甚至还带有升华的色彩。就如同本能也伴随着这个转化过程得到了解放。发生升华作用以后，性成分再也无力像从前那样将全部的破坏性与自身融合，并且，这个解放是以攻击倾向与破坏倾向的形式进行的，超我普遍表现出的冷酷严苛（即那个独断专横的"你必须"）正是发源于它。

我们重新回到强迫性神经症的问题上来。情况在这里发生了变化。爱转化为攻击的解放并非发生在自我之中，而是在本我的退行中出现的。然而，当这个过程从本我进入到超我时，无辜的自我却遭到了超我更为激烈的谴责。正如在忧郁症中发生的那样，自我以自居作用的形式压制着力比多，超我却将这种与力比多的结合作为酷刑来严惩这么做的自我。

我们对自我的认识逐渐清晰，它的那些脉络更加明显了。我们认识到了自我的强大与弱小。它肩负着至关重要的责任。它通过与知觉系统的联系及时地为心理过程理清了顺序，从而使它们接受"现实检验"。它借助处于中间的思维过程，推迟了运动的释放并掌控了通往能动性的通道。毫无疑问，这个最后的权力是形式大于实际的。在付诸行动时，自我就像是君主立宪制中的君主，议会提出的任何法案都必须经过他的同意才能通过，但他却在利用否决权强制否定议会法案时犹豫不决。从外界获取的经历充实了自我，然而，本我是自我的第二个外部世界，自我渴望将它支配。自我从本我中攫取力比多，将本我的对象精力贯注转向自我。它利用超我的协助，以一种未知的形式将储存在本我中的过去经验收归己用。

有两条通道可供本我进入自我。一条是直接的，而另一条则必须以自我典范为向导。对于一些心理活动而言，自我采取哪一条通道具有决定性的作用：自我对本能的行动由察觉发展到控制，由服从发展为支配，自我典范在这个过程中发挥了重要作用，事实上，它在某些部分上是抵抗本我本能的过程的反向形成。**精神分析学是一种帮助自我逐步控制本我的方法。**

然而，换一个角度来看，这个自我就像一个侍奉三位主人的凄惨奴隶。它时刻在三种威胁下战栗，这三种威胁分别来自外部世界、本我力比多以及严苛的超我。这三种威胁与三种焦虑相对应，因为焦虑是逃离威胁的象征。处于本我与现实世界之间的自我力图居中调停两者的矛盾，从而使本我屈服于现实；力图通过它的肌肉活动，使现实认可本我的意愿。从实际行动上来看，它就像一位正在进行精神分析治疗的医生：带着对现实世界的认知，为了能够成为本我的支配者，自我将自己作为力比多对象进献给本我。它不仅为本我提供了帮助，也以奴颜婢膝的姿态献媚于本我；它竭尽所能，力求随时与本我维持友谊；它会通过文饰作用①来为本我的无意识指令披上前意识的外衣；即使当本我冥顽不化时，它也会为本我寻找托词，称其遵从现实；本我与现实的矛盾冲突被它隐瞒起来，假如可能的话，它甚至能将超我与它的矛盾隐瞒起来。介于本我与超我之间，它时常在诱惑面前选择妥协，成为溜须拍马的投机主义者，并像一个内心明白却不愿失去万众拥护地位的政客那样掩盖真相，代之以谎言欺瞒。

自我在对待两种本能的态度上是有失公正的。它藉由自居作用与升华作用，帮助本我的死本能掌控力比多，但它的这种行为有可能会使自己成为死本能的对象，从而自取灭亡。它必须将自身聚满力比多能量才能进行这种帮助；这样它才能成为爱本能的象征，并在此之后一心向往着生活与爱。

然而，由于自我进行的升华作用解放了本能以及超我中的攻击本能，自我对力比多的反对就会随时招来疯狂打击与杀身之祸。在超我的打击之下或者可能屈服于打击痛苦的过程中，自我进入了原生动物的宿命，这些原生动物被自己产生的分解代谢物所杀死。以经济的角度来看，超我中的道德良心的作用与这种分解代谢物相同。

在自我附属关系中，或许它与超我的关系最有意思。

焦虑实际出现在自我中。在三方面的威胁下，自我在威胁的知觉或者被同等对待的本我中召回了属于它的精神能量从而进行"反作用

---

①文饰作用：心理防御机制的一种。在精神分析学中,文饰作用或称合理化作用,是指用一种自我能接受、超我能宽恕的理由来代替自己行为的真实理由。

逃逸"，并将这种精神能量以焦虑的形式发射出去。在后来取代这种古老方法的是保护性精力贯注的实施（恐怖症的机制）。对于使自我感到畏惧的外部威胁与力比多威胁的具体情况，我们还未能作出详细的描述。这种畏惧是出于对被推翻或被除掉的担忧，但是研究分析并不能掌握它。自我无非是在遵循快乐原则的劝导。在另一方面，我们能够指出自我畏惧超我以及道德良心的隐藏原因。形成了自我典范内容的高级动物，曾经代表着阉割的威胁。因此，对阉割的畏惧就有可能形成主流并汇聚了对道德良心的恐惧。对阉割的畏惧也就以对道德良心的畏惧的形式继续存在着。

"任何畏惧归根结底都是对死亡的畏惧"，这个浮夸的观点并无实质意义，至少无法证明它。与之相反，我认为应在对死亡的畏惧与对某个对象的畏惧（现实的焦虑）之间划清界限。由此，精神分析学就面临着一个困难：由于死亡是一种否定的抽象概念，因此我们不可能找到与它有关的无意识。对死亡的畏惧，似乎只能被看作是自我很大程度上抛弃了自恋性力比多的精神能量，即它放弃了自己，就像它在面临其他带来焦虑的状况时放弃个别外部对象那样。我相信，对死亡的畏惧存在于自我与本我之间。

我们知道，对死亡的恐惧出现在这两种情况下（这两种情况还必须与产生其他类型的焦虑的情况完全类似）：一种是对外界威胁的反应，一种是内部的发展过程（比如忧郁症中所发生的）。在此，我们可以再一次在神经症症状的引导下理解一种正常人的行为。

在忧郁症中，对死亡的畏惧只有一个原因：自我放弃了自己，因为它未能感受到来自超我的爱，而是遭受到它的残酷惩罚与打击。因此，对自我来说，生存与被超我所爱是同一个意思，在此处，超我又一次采取了本我的形式。超我肩负着守护与拯救的使命，而这个角色最开始是由父亲担任的，到了后来则由上帝或者命运来扮演。然而，当自我认为自己处于无法自保的境地时，它必定会得出相同的结论。它感到自己被一切守护者所摒弃，唯有死路一条，正如婴儿呱呱坠地时的首次焦虑与思念母亲时的焦虑状态（由于与守护他的母亲分开了）一样。

这些探讨，或许能使我们将对死亡的畏惧视为对阉割的畏惧的延续，正如对良心的恐惧那样。在神经症中，负罪感的重要作用让人们了解到，产生于自我与超我之间的焦虑（阉割畏惧、良心畏惧、死亡畏惧）增强了一般神经症中的焦虑，使它发展为严重的症状。

最后，我们回归到本我的问题上。本我无法向自我传达爱与恨，它不能说出它的意愿；它没有形成完整统一的意志；在本我中，爱本能与死本能激烈缠斗，我们已经知道了一种本能以什么手段来求得自保并抵抗另一种本能。有鉴于此，本我或许是处于平静但却强大的死本能的支配之下的，死本能的冲动是静谧的，它在快乐原则的帮助下安抚着拈花惹草的爱本能，令其安静下来；但这样的话，我们或许低估了爱本能的作用。

附录一　弗洛伊德重要论著

《癔病研究》（与布罗伊尔合著，1895）

《梦的解析》（1900）

《日常生活中的心理病理学》（1904）

《多拉的分析》（1905）

《玩笑及其与无意识的关系》（1905）

《性学三论》（1905）

《精神分析运动史》（1906）

《列奥纳多·达·芬奇和他对童年时代的一次回忆》（1910）

《图腾与禁忌》（1913）

《论无意识》（1915）

《超越快乐原则》（1920）

《集体心理学与自我的分析》（1921）

《自我与本我》（1923）

《焦虑问题》（1926）

《幻想的未来》（1927）

《陀思妥耶夫斯基和弑父》（1928）

《笛卡尔的几个梦：给马克西姆·勒罗伊的信》（1929）

《文明及其不满》（1930）

《力比多类型》（1931）

《女性之性》（1931）

《恐惧的获得和控制》（1932）

《雅典卫城的记忆扰乱》（1936）

《摩西与一神教》（1939）

附录二　意义深远的名句

1、笑话给予我们快感，是通过把一个充满能量和紧张度的有意识过程转化为一个轻松的无意识过程来实现的。

2、生命中唯一重要的事情是爱情和工作。

3、人都有吮吸的欲望。

4、对一个男孩来说，他的无意识中有种对母亲的排他性占有欲，任何人，包括他的父亲，一旦对他构成威胁，他都会产生仇恨，甚至想杀掉他们。

5、女人实在令人难以忍受，是永恒麻烦的源泉，但她们依然是我们所拥有的那一种类中最好的事物。没有她们，情形会更糟。

6、人是一个受本能愿望支配的低能弱智的生物。

7、在人的无意识中,性欲一直是处于压抑的状况,社会的道德法制等文明规则使人的本能欲望时刻处于理性的控制之中。

8、人类天生具有"弑父情结",从一出生,他就注定要和父亲展开斗争,以摆脱被统治、支配的地位,争取独立自由的权利,进而掌握家庭的主导权和社会的主动权。

9、我们整个心理活动似乎都是在下决心去求取欢乐、避免痛苦,而且自动地受快乐原则的调节。

10、生物性即命运。

11、感情的冲动更接近于基于性本能的欲望冲动。

12、梦是欲望的满足。

13、人体就是命运。(解剖即命运)

14、人不是根本不相信自己的死,就是在无意识中确信自己不死。

15、良心是一种内心的感觉,是对于躁动于我们体内的某种异常愿望的抵制。

16、本我过去在哪里,自我就应在哪里。

17、男人用下半身思考。

18、人类世界就是一个悲剧。

19、没有口误这回事;所有的口误都是无意识的真实流露。

附录三 弗洛伊德生平大事记

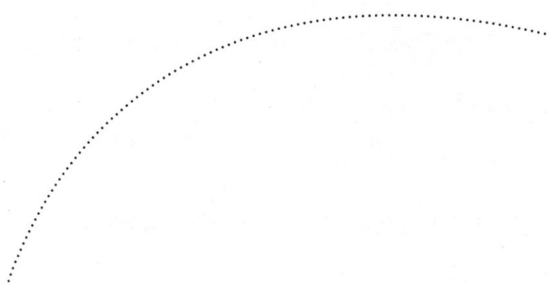

1856年　　生于（现属捷克的）摩拉维亚洲弗赖堡。

1859年　3岁　全家迁居莱比锡。

1860年　4岁　又迁维也纳。

1865年　9岁　进施帕尔中学学习。

1867年　11岁　因受《动物生命史》的影响，开始对自然科学产生兴趣。

1872年　16岁　重游诞生地弗赖堡。

1873年　17岁　以优异的成绩毕业于施帕尔中学。秋，考进维也纳大学医学院。

1875年　19岁　赴英国旅行，回维也纳后立志攻读医学。

1877年　21岁　三月，发表鳗鱼生殖腺的形态与构造的论文。

1878年　22岁　研究八目鳗幼鱼苗的脊髓。

1879年　23岁　研究淡水蟹的神经系统。

1880年　24岁　受维也纳大学历史系教授冈柏的委托，把英国哲学家、经济学家约翰·斯图亚特·密尔的著作译成德文。

1881年　25岁　获得医学学位。

1882年　26岁　四月，与妹妹的朋友玛尔塔·贝尔纳斯邂逅，六月中旬订婚。七月，进维也纳总医院工作。

1883年　27岁　五月，进梅涅特负责的精神病科工作。

1884年　28岁　一月，进神经科。七月，发表有关古柯碱的论文。

1885年　29岁　夏，离开维也纳总医院。九月，被任命为维也纳大学讲师。十月，得到一笔奖学金后前往巴黎，师从法国神经学家沙可。

1886年　30岁　二月，自巴黎返国，途径柏林，去巴金斯基的诊所，了解儿童精神疾病方面的情况。四月，在维也纳开业行医。五月，向"医学协会"汇报在沙可那儿的所见所闻。秋，与贝尔纳斯结婚。

1887年　31岁　十一月，结识柏林医生弗里斯，结为好友。

1889年　33岁　夏天，前往法国南锡，进一步了解催眠法。十月，长女玛西黛诞生。

1891年　35岁　出版《论失语症》。二月，次子奥列弗诞生。全家搬到贝尔加泽街十九号居住，直到一九三八年才离开。

1892年　36岁　三子恩斯特诞生。

1893年　37岁　次女苏菲诞生。和布罗伊尔合作发表初论《癔病症状的心理机制》。

1894年　38岁　开始与布罗伊尔意见不合。

1895年　39岁　小女安娜诞生。与布罗伊尔合写的《癔病研究》出版。七月二十四日，对自己的梦境作了首次的分析。

1896年　40岁　与布罗伊尔彻底决裂。十月十三日，父亲去世。

1897年　41岁　开始对自己进行精神分析。

1898年　42岁　发表有关幼儿性欲的理论。

1900年　44岁　《梦的解析》问世。

1901年　45岁　去向往已久的罗马观光。

1902年　46岁　被维也纳大学特聘为教授。与阿尔弗雷德·阿德勒等四青年创办"星期三心理学研究组"。

1903年　47岁　与患难时的好友弗里斯交恶。

1904年　48岁　出版《日常生活中的心理病理学》。

1905年　49岁　出版《玩笑及其与无意识的关系》，《多拉的分析》和《性学三论》。

1906年　50岁　与弗里斯断绝关系。开始与荣格通信联系。

1907年　51岁　演讲《创造性作家与昼梦》。与荣格会面。写《强迫观念活动与宗教仪式》。

1908年　52岁　四月二十七日，第一届"国际精神分析大会"在萨尔茨堡召开。

1909年　53岁　九月，应美国马萨诸塞州伍斯特市克拉克大学校长霍尔的邀请，与荣格等前去参加该校二十周年校庆活动，并作了精神分析学方面的系列演讲。自此，精神分析学在美国开始产生影响。

1910年　54岁　三月，在纽伦堡召开第二届"国际精神分析大会"，会上成立了"国际精神分析协会"，弗洛伊德安排荣格任首任主席。写《列奥纳多·达·芬奇和他对童年时代的一次回忆》。

1911年　55岁　在魏玛召开第三届国际精神分析学大会。秋，与阿德勒决裂。

1912年　56岁　与威廉·斯泰克尔决裂。欧内斯特·琼斯等最忠实的支持者发起组织一个名叫"委员会"的小组，专门负责弗洛伊德的日常事务以及与外界联系方面的工作。

1913年　57岁　在慕尼黑召开第四届国际精神分析大会。《图腾与禁忌》出版。

1914年　58岁　荣格退出精神分析协会。发表《精神分析运动史》和《米开朗基罗的摩西》。

1915年　59岁　四月，发表《对战争与死亡时期的思考》等论文。在维也纳大学开讲《精神分析引论》。提出"元心理学"

的设想。

1916年　60岁　《精神分析引论》出版。

1918年　62岁　在布达佩斯召开第五届国际精神分析学大会。

1919年　63岁　在维也纳创办"国际精神分析出版公司"。

1920年　64岁　在海牙召开第六届国际精神分析学大会。著《超越快乐原则》。

1922年　66岁　在柏林召开第七届国际精神分析学大会。

1923年　67岁　四月，上颚发现肿瘤，做首次手术。发表《自我与本我》，提出新的人格理论。

1924年　68岁　在萨尔茨堡召开第八届国际精神分析学大会。

1925年　69岁　撰写《自传》。在洪堡召开第八届国际精神分析学大会。

1926年　70岁　奥地利官方在弗洛伊德七十岁寿辰时，首次通过广播介绍弗洛伊德的生平。

1927年　71岁　出版《幻觉的未来》。在因斯布鲁克召开第十届国际精神分析学大会。

1929年　73岁　德国著名作家托马斯·曼发表《弗洛伊德与未来》的演讲，认为弗洛伊德是现代思想史上最重要的伟人之一。《文明及其不满》出版。在牛津召开第十一届国际精神分析学大会。

1930年　74岁　荣获歌德文学奖，因健康等原因，由女儿安娜·弗洛伊德前往法兰克福参加授奖仪式。

1932年　76岁　著《精神分析引论新编》。在威斯巴顿召开第十二届国际精神分析学大会。

1933年　77岁　希特勒掌权，有关精神分析的书刊被禁。

1934年　78岁　在卢塞恩召开第十三届国际精神分析学大会。从这次大会开始，弗洛伊德因病情严重，已无法亲自参加。

1935年　79岁　当选为英国皇家学会通讯会员。

1936年　80岁　纳粹分子冻结"国际精神分析出版公司"财产。

1938年　82岁　三月，纳粹入侵奥地利，"国际精神分析出版公司"财产被全部查封。六月，在欧内斯特·琼斯等人帮助下克服重重障碍，离开维也纳前往英国伦敦。九月，接受最后一次手术治疗。

1939年　83岁　三月，《摩西与一神教》出版。九月二十三日，在伦敦去世。